# 办公设备维护与维修

## （第2版）

主　编　程弋可

副主编　苏　清　陶　建　万钊友

参　编　郭　斌　胡　燏　任　超

　　　　杨　峰　温晓莉　喻　铁

　　　　黄　炜　付　林　胡潇月

北京理工大学出版社

BEIJING INSTITUTE OF TECHNOLOGY PRESS

# 内 容 简 介

本书内容涵盖了现代办公应用领域及相关设备，主要依托国产信息技术应用创新（信创）产品，包含了当前办公设备发展应用的新技术、新设备、新应用，引入了私有云存储、打印云盒、智能家居等新技术设备，增加了创意打印、在线扫描、在线文档等新应用，及时反映行业发展新动向。针对目前院校学生实际情况，根据业务需求将真实岗位调研而来的典型工作任务及职业能力要求转化为"家庭办公-办公室办公-商务办公" 3 个渐进的模块。本书提供了完善的数字化资源，还提供了电子任务工单、电子项目工单，方便组装为活页式实训手册，满足项目任务式教学需求。

本书可供院校网络信息安全专业及其他计算机类专业作为专业基础教材使用，也可供有关技术人员作为岗位培训和自学用书。

## 图书在版编目(CIP)数据

办公设备维护与维修／程弋可主编. -- 2 版. -- 北京：北京理工大学出版社，2021.10
ISBN 978-7-5763-0515-9

Ⅰ. ①办… Ⅱ. ①程… Ⅲ. ①办公设备-维修-教材 Ⅳ. ①C931.4

中国版本图书馆 CIP 数据核字(2021)第 211195 号

出版发行／北京理工大学出版社有限责任公司
社　　址／北京市海淀区中关村南大街 5 号
邮　　编／100081
电　　话／(010)68914775(总编室)
　　　　　　(010)82562903(教材售后服务热线)
　　　　　　(010)68944723(其他图书服务热线)
网　　址／http://www.bitpress.com.cn
经　　销／全国各地新华书店
印　　刷／定州市新华印刷有限公司
开　　本／889 毫米×1194 毫米　1/16
印　　张／11.5　　　　　　　　　　　　　　责任编辑／张荣君
字　　数／221 千字　　　　　　　　　　　　文案编辑／张荣君
版　　次／2021 年 10 月第 2 版　2021 年 10 月第 1 次印刷　　责任校对／周瑞红
定　　价／60.00 元　　　　　　　　　　　　责任印制／边心超

# PREFACE 前言

当今社会，以数字化、网络化、智能化为特征的信息技术革命正在蓬勃兴起，新一代信息技术与传统领域的相互融合，推动着办公设备不断更迭，第1版的教材内容、体例已经跟不上时代的步伐，所以编者对本书进行了修订。

本次修订内容涵盖了办公应用领域及相关设备，主要依托国产信息技术应用创新（信创）产品，体现了新技术、新设备和新应用。本书分为3个渐进的学习情景模块，共8个项目、30个任务，任务下设任务说明、任务准备、任务实施、任务拓展、拓展延伸，符合"任务驱动、行动导向"的教学模式要求。全书以立德树人为培养目标，遵循行动导向理念，始终以学生为中心，以培养学生实际解决问题的能力为主线，以办公设备为载体，着力培养学生的操作技能和岗位能力。

本书具有以下特点。

**1. 以典型工作任务为载体。**本书使用基于"工作过程系统化"的编写方法，编写前进行了大量的岗位调研，将行业企业岗位的典型工作及职业能力要求转化为教学内容，呈现生产实际中具有典型性的应用案例以及与应用场景相关联的业务知识内容，学生通过学习实践这些典型工作任务，进而掌握各种现代办公设备的使用及简单维护方法，帮助学生更全面地了解办公设备应用领域职业岗位的真实情境，为后续的专业学习、生活及工作打下基础。

**2. 以职业工作逻辑为脉络。**本书在编写过程中，根据新的教材大纲，紧贴"三教"改革，紧密联系生产生活，突出应用性与实践性，结合院校学生的特点，遵循学生身心发展规律，模块任务设置从简单到复杂，所用技能由浅入深螺旋上升，全书3个学习情景模块逻辑主线为从日常生活到初进职场，再到职场精英，将办公设备使用、维护与维修的技能，巧妙融入与业务需求关联的项目实训任务中。

**3. 融入课程思政教育元素。**在任务实施、任务拓展、拓展延伸等环节，以故事、案例、技能讲解等形式，将课程思政融合到教材中，培养学生信息安全、知识产权保护和质量规范意识，以及勇于创新、追求卓越、精益求精的工匠精神。同时，在设备选择、案例使用时，主要依托国产的信息技术应用创新（信创）产品，让学生了解我国在当前IT基础设施、应用设备等领域面临的机遇和挑战，培养专业理想和奋斗精神。

**4. 引入新技术、新设备和新应用。**本书包含了当前办公设备发展应用的新技术、新设备和新应用，引入了私有云存储、打印云盒、智能家居等新技术设备，增加了创意打印、在线

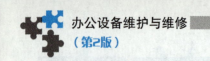
扫描、在线文档等新应用，及时反映行业发展新动向。

**5. 配套任务工单、项目工单等数字化资源。**本书配套电子任务工单、电子项目工单，使用者可以根据样本开发适合实际需求的任务工单、项目工单，然后根据需求组装成活页式训练手册，或上传到数字化学习平台，进行项目教学和任务教学，实现传统教学模式与混合学习、移动学习等信息化教学模式的有机融合，满足学生的个性化、差异化学习需求。同时，本书提供教学课件、教学视频、行业标准、职业标准等助学资源，后期将陆续推出配套的网络课程，为学生自主学习提供有力支持。

本书在编写过程中，四川翰林办公设备有限公司、福建中锐网络股份有限公司、成都永朔科技有限公司等企业提供了编写建议、技术支持、案例及素材，在此表示衷心感谢。同时，本书在编写过程中还进行了大量的岗位调研和参考了大量的网络资源、书籍、报刊，衷心地感谢参与岗位调研的人员和参考文献的所有作者。

本书可供院校网络信息安全专业及其他计算机类专业作为专业基础教材使用，也可供有关技术人员作为岗位培训和自学用书。

由于编者水平有限，书中难免存在错误和不足，如果您在使用中发现了问题，请和我们联系，我们将真诚接受建议和批评，并及时进行修改。

编　者

# CONTENTS 目录

# 模块一
# 家庭办公

随着社会的不断发展，信息化让工作和生活越来越方便，不少人选择在家学习和工作。李明在一所职业学校就读，喜欢自己摆弄计算机，家里的打印机、无线网络都由他管理，同学们的设备出了问题都找他。本模块有3个典型项目，其内容结构如图1.0.1所示。

通过本模块的学习，学生应掌握在家庭办公场景中进行办公终端的简单维护、日常业务处理及多设备互联互通的方法。

```
              ┌─── 项目一  办公终端简单维护
              │
  家庭办公 ────┼─── 项目二  日常业务处理
              │
              └─── 项目三  多设备互联互通
```

图 1.0.1　模块一内容结构

# PROJECT 1 项目一

## 办公终端简单维护

### 项目概述

同学张静想利用课余时间在网上做点小生意，为此还买了台笔记本电脑。为了更好地使用，他请李明传授一些维护的经验。本项目完成3个任务，其内容结构如图1.1.1所示。

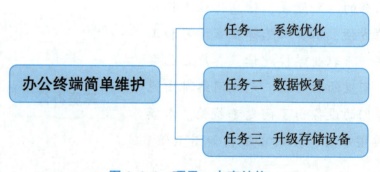

图 1.1.1　项目一内容结构

### 项目目标

- 学会系统优化的方法。
- 掌握数据备份恢复的方法。
- 学会升级存储设备的方法。

## 任务一 系统优化

### 【任务说明】

计算机应安装优化系统的软件，这些软件通常具有病毒及木马查杀、漏洞修复、访问控制等功能，代表软件有360安全卫士、火绒安全、百度卫士和腾讯电脑管家等。

学生通过本任务的学习应达到3个目的：一是学会病毒及木马查杀，二是学会修复漏洞，三是会设置访问控制。

### 【任务准备】

#### 1. 认识木马

木马是指通过一段特定的程序（木马程序）来控制另一台计算机。木马通常有两个可执行程序：一个运行在客户端，即控制端；另一个运行在服务端，即被控制计算机。被植入木马的计算机俗称"肉鸡"，被控制的"肉鸡"完全任黑客宰割，如图1.1.2所示。

黑客　　　　木马　　　　被控制计算机/肉鸡/服务端

**图 1.1.2　黑客和被控制计算机示意图**

运行了木马程序的计算机就会有一个或几个端口被打开，黑客利用这些打开的端口便可进入计算机系统，安全和个人隐私也就全无保障了，所以要定时对计算机系统进行木马查杀。

#### 2. 认识系统优化工具软件

系统优化工具软件是将查杀病毒及木马、修复漏洞、访问控制等常用的系统维护、优化工具集合在一起的一类软件的总称，这些软件基本上是免费的，其中的代表有360安全卫士、火绒安全、百度卫士和腾讯电脑管家等，如表1.1.1所示。

表 1.1.1　常见的系统优化工具软件

| 名称 | 图示 | 说明 |
|---|---|---|
| 360 安全卫士 | | 奇虎 360 公司推出的安全杀毒软件，具有查杀木马、清理插件、修复漏洞、计算机体检、计算机救援、保护隐私、清理垃圾、清理痕迹等多种功能 |
| 火绒安全 | | 北京火绒网络科技有限公司开发，"杀""防""管""控"一体的安全软件，有自主研发的病毒扫描引擎，其中个人版免费 |
| 百度卫士 | | 百度公司出品的系统工具软件，集合了计算机加速、系统清理、木马查杀和软件管理功能，永久免费 |
| 腾讯电脑管家 | | 腾讯公司推出的免费安全软件，与 360 安全卫士类似，有云查杀木马、系统加速、漏洞修复、实时防护、网速保护、计算机诊所、健康小助手等功能 |

### 3. 设备准备

根据任务说明的要求，需要一台安装了 Windows 操作系统并连接到互联网的计算机。

## 【任务实施】

李明准备为张静的计算机安装火绒安全并进行优化。火绒安全最新版本可以在其官网下载安装，安装方法按照软件提示进行即可，如图 1.1.3 所示。

系统优化

图 1.1.3　火绒安全

### 1. 病毒及木马查杀

（1）运行火绒安全，在主界面左下角单击【病毒查杀】图标，如图 1.1.4 所示。

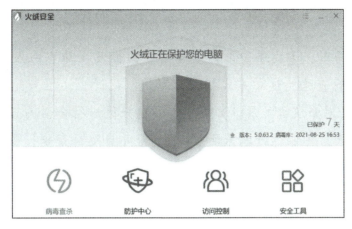

图 1.1.4　火绒安全主界面

（2）在打开的页面单击【快速查杀】图标，然后单击【立即扫描】按钮，即开始对计算机进行病毒及木马扫描，如图 1.1.5 所示。

（3）若计算机内潜伏有病毒或木马等风险项目，按照提示单击【立即处理】按钮，即可清除病毒或木马，如图 1.1.6 所示。

图 1.1.5　扫描病毒及木马

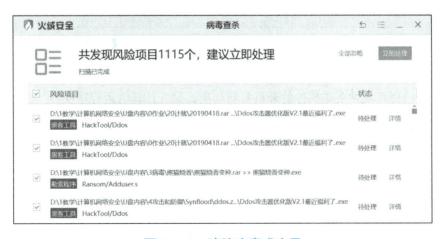

图 1.1.6　清除病毒或木马

### 技巧提示

在查杀病毒及木马时，【快速查杀】主要是对病毒及木马容易入侵的地方（如系统进程、关键目录等）进行查杀，这种方式扫描速度快、用时少，但只能基本确定操作系统的安全。【全盘查杀】是对系统进程及计算机所有硬盘分区进行全面的查杀，这种方式扫描速度相对较慢，用时较长，可以很好地保证系统安全。【自定义查杀】则是根据用户需要对指定区域进行查杀，具有针对性。

### 2. 漏洞修复

应用软件或操作系统的漏洞需要进行升级与修复，以防止不法分子以植入木马、病毒等方式来攻击或控制计算机。火绒安全的漏洞修复被整合在【安全工具】菜单中。

（1）在首页单击【安全工具】图标，在打开的页面中单击【漏洞修复】图标，开始扫描系统漏洞。如果系统存在漏洞，单击【立即修复】按钮，即可修复漏洞，如图 1.1.7 所示。

图 1.1.7　漏洞修复

（2）在安全工具中还有其他常用功能，如表 1.1.2 所示，可根据实际情况进行选用。

表 1.1.2　其他常用安全工具功能及作用

| 功能 | 作用 |
| --- | --- |
| 系统修复 | 修复因病毒、木马等原因导致的系统异常，如蓝屏、死机等 |
| 垃圾清理 | 定期清理计算机垃圾，提升计算机运行速度，使计算机保持良好的运行状态 |
| 启动项管理 | 清理系统中各类软件的开机自启动项，提升计算机运行速度 |
| 文件粉碎 | 彻底粉碎系统中一些无法删除的文件 |
| 右键管理 | 删除或增加右键快捷菜单的内容 |

### 3. 访问控制

访问控制是为了保障上网、程序执行、U 盘使用等的安全而制定的一系列访问策略。

（1）在首页单击【访问控制】图标，在打开的页面中单击需要进行访问控制的选项的开关按钮。图 1.1.8 所示为打开【上网时段控制】开关。

图 1.1.8　访问控制

（2）单击右上角的【密码保护】按钮，打开设置页面，可进行详细的设置，如图 1.1.9 所示。

图 1.1.9　设置页面

## 【任务拓展】　系统自带优化

### 1. 任务说明

李明告诉张静，Windows 10 自带的 Windows 安全中心、Windows 系统更新就能提供很有效的系统防护。

### 2. 操作提示

（1）Windows 安全中心。该程序默认启动，单击右下角的 Windows 安全中心图标打开，如图 1.1.10 所示。

图 1.1.10　Windows 10 安全中心图标

Windows 安全中心集成了常用的病毒和威胁防护、账户保护、防火墙和网络保护等基础功能，可以单击左下角的【设置】按钮进行设置，如图 1.1.11 所示。

（2）Windows 系统更新。在桌面左下角的搜索栏中输入关键字"更新"，在弹出的界面中选择【Windows 更新设置】选项，如图 1.1.12 所示。

图 1.1.11　Windows 10 安全中心　　　图 1.1.12　Windows 系统更新

在打开的【Windows 更新设置】界面中选择【检查更新】选项，按照提示进行更新，即可修复漏洞。

## 任务二　数据恢复

### 【任务说明】

张静在清理计算机垃圾时不小心把重要的图片文件删除了，向李明寻求帮助。李明将用数据恢复软件找回。现在市面上有不少数据恢复软件，如 DiskGenius、易我数据恢复、Easy Recovery 和超级硬盘等，它们的功能类似，本任务使用 DiskGenius。

学生通过本任务学会使用数据恢复软件 DiskGenius 找回文件。

### 【任务准备】

#### 1. 认识数据恢复

数据恢复是指通过技术手段，对硬盘、U 盘、存储卡等设备上丢失的数据进行抢救和恢复的技术。

数据恢复工程师常说："只要数据没有被覆盖，数据就有可能恢复。"删除文件时，系统只是在文件分配表内在该文件前面写一个删除标志，表示该文件已被删除，所占用的空间已被"释放",其他文件可以使用其所占用的空间,文件并不是彻底被删除。当需要恢复被删除文件(数据恢复)时,只需用工具将删除标志去掉,数据就能恢复,前提是没有新的文件写入,该文件所占用的空间没有被新内容覆盖。

### 2. 数据恢复软件

数据恢复软件较多,常用的有 DiskGenius、Easy Recovery、易我数据恢复等,如图 1.1.13 所示。通常软件基础功能免费,一些特色功能则需要付费。另外,360 安全卫士等部分系统优化工具软件也集成了数据恢复功能。

图 1.1.13　常用的数据恢复软件

### 3. 设备准备

根据任务说明的要求,需要一台计算机,上面有被删除的图片文件。

## 【任务实施】

李明在张静的计算机上下载安装了免费版的 DiskGenius,接下来恢复丢失的图片文件。

(1)打开 DiskGenius,在其主界面里可以看到该计算机硬盘的分区、容量等详细信息,选择需要恢复图片数据的分区,如图 1.1.14 所示。

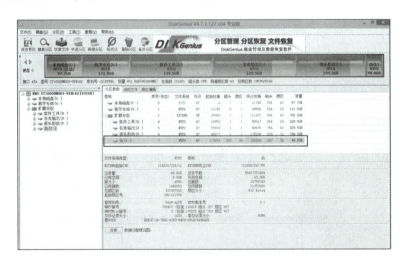

图 1.1.14　DiskGenius 主界面

(2)单击菜单栏下面【恢复文件】图标,在弹出的对话框中需要选择恢复方式【仅恢复误删除的文件】或【完整恢复】,这里选中【仅恢复误删除的文件】单选按钮,如果知道需要恢复文件的格式,还可以单击【选择文件类型】按钮,在打开的【选择要恢复的文件类型】对话框里选中相应的格式,设置好以后在上一级对话框中单击【开始】按钮,如图 1.1.15 所示。

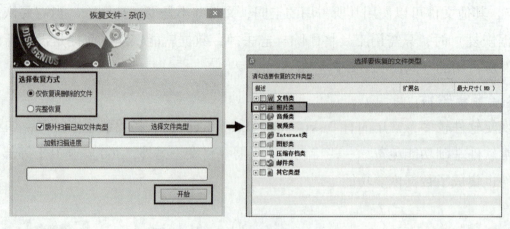

图 1.1.15　设置恢复参数

（3）软件开始扫描分区，会将该分区自创建以来被删除过的文件均查找出来，所需时间由该分区容量大小决定，容量越大的分区用时越长，如图 1.1.16 所示。

（4）扫描完成以后，被删除的文件显示在窗口中，图标上会有一个红色垃圾桶的标识，如图 1.1.17 所示。

图 1.1.16　开始扫描分区

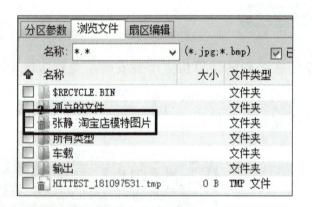

图 1.1.17　被删除的文件

（5）选择需要恢复的文件【张静 淘宝店模特图片】并单击鼠标右键，在弹出的快捷菜单中选择将文件复制到的位置，这里选择【复制到"桌面"】命令，如图 1.1.18 所示。

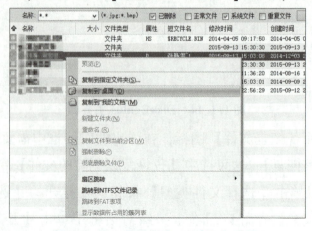

图 1.1.18　将文件复制到指定位置

待操作完成后，被误删除的文件就被复制到了计算机桌面上。

> 💡 **技巧提示**
>
> 平时在使用计算机时应该养成良好的习惯，避免出现数据丢失的情况。
>
> （1）不要将文件数据保存在操作系统的分区上，因为很多计算机故障的解决方法是重装系统，这会破坏系统所在分区，导致该分区上数据丢失或损坏。
>
> （2）定期备份文件数据。不管使用什么类型的储存设备，不管文件被存储在什么位置，都有数据丢失的可能，做好文件备份相当于多一层保障。常用的备份方法有刻录光盘、上传网盘等。

## 【任务拓展】 系统备份还原

系统备份还原

### 1. 任务说明

经历图片误删事件后，张静担心以后计算机会出故障导致系统崩溃，重装系统会丢失很多重要文件，所以请李明帮忙备份系统。

### 2. 操作提示

（1）进入系统控制面板，选择【备份和还原（Windows 7）】选项，如图1.1.19所示。

（2）在弹出的窗口中选择【创建系统映像】选项，然后根据提示选择备份文件存放位置，此位置是非系统安装分区，如图1.1.20所示。

图1.1.19 选择备份和还原

图1.1.20 备份系统

（3）系统备份完成以后，如果计算机出现故障导致系统崩溃，可在备份设置页面通过【还原我的文件】按钮可以将系统还原到备份前的状态。

## 任务三 升级存储设备

### 【任务说明】

随着计算机技术的发展，计算机软件的功能越来越强大，运行各类软件所需消耗的硬件资源越来越多，计算机会出现内存不够、硬盘速度慢等情况。张静家里的笔记本电脑运行速度越来越慢，李明决定升级内存并加装固态硬盘。

学生通过本任务的学习达到两个目的：一是学会查看计算机硬件参数，二是学会升级内存及加装固态硬盘的方法。

### 【任务准备】

#### 1. 认识内存

内存是 CPU 通过总线寻址，进行读写操作的计算机部件，是计算机中必不可少的组成部分。内存的大小影响计算机运行的速度。

按照内存的发展历史，内存分为 SDR、DDR1、DDR2、DDR3、DDR4 等产品，目前常用的是后两种，不同时期的计算机主板匹配不同的内存。随着科技的发展，内存的容量和读取速度都越来越大，如表 1.1.3 所示。

表 1.1.3 内存分类

| 名称 | 图示 | 说明 |
|---|---|---|
| DDR3 | | 频率 800~2133MHz，单条容量最大 64GB，工作电压 1.5V |
| DDR4 | | 频率 2133 ~ 3000MHz，单条容量最大 128GB，工作电压 1.2V |

内存还分为台式计算机内存和笔记本电脑内存，它们结构类似，后者只有前者的一半长度，价格更贵。

#### 2. 认识固态硬盘

固态硬盘（SSD）是用固态电子存储芯片阵列制成的硬盘，读写速度一般在 500MB/s 左右。使用固态硬盘能极大提升开机速度和程序运行速度。

常用的固态硬盘根据接口不同，分为 SATA、mSATA、M.2 等多种类型，如表 1.1.4 所示。

表 1.1.4　固态硬盘分类

| 接口类型 | 图示 | 说明 |
|---|---|---|
| SATA | | 应用最多的硬盘接口，主流型号为 SATA 3.0，被金属外壳包裹，普通固态硬盘及机械硬盘都使用这种接口 |
| mSATA | | 迷你版 SATA 接口，为了适应超极本等超薄设备而开发，单缺口，不带金属外壳，外观像内存条 |
| M.2 | | Intel 公司推出的用于替换 mSATA 的接口规范，双缺口，在长度上有不同的规格 |

## 3. 设备准备

根据任务说明的要求，需要的设备及工具清单如表 1.1.5 所示。

表 1.1.5　任务所需设备及工具清单

| 名称 | 图示 | 说明 |
|---|---|---|
| 笔记本电脑 | | 有冗余内存插槽并需要升级的笔记本电脑 |
| 笔记本电脑内存条 | | 与笔记本电脑内存兼容的新内存条 |
| 固态硬盘 | | M.2 接口固态硬盘 |
| 螺丝刀 | | 十字螺丝刀，用于拆卸及安装笔记本电脑 |

【任务实施】

升级存储设备

完成存储设备升级需要 3 步：查看存储设备型号、升级内存、加装固态硬盘。

### 1. 查看存储设备型号

（1）查看内存型号。内存等计算机硬件的型号，可以通过鲁大师或 CPU-Z 等第三方软件进行查看，如图 1.1.21 所示。

**图 1.1.21　使用鲁大师查看计算机硬件型号**

（2）查看固态硬盘型号。登录笔记本电脑官方网站或开机检查，确定固态硬盘接口型号。

（3）根据该笔记本电脑的主板、内存信息、固态硬盘接口，确定内存型号及固态硬盘类型，并在实体店或网上商店购买。

### 2. 升级内存

（1）拔掉笔记本电脑的电源线以后，取下笔记本电脑的电池，防止在安装内存时烧坏设备，如图 1.1.22 所示。

（2）用螺丝刀取下内存护板，把新购内存呈 30°角插进内存插槽（内存有防插反设计，只有正确方向才能插入），插紧后按下即可，按下后会有清脆的咔嚓声，然后看看内存两侧的弹簧卡扣是否完全卡住内存，如图 1.1.23 所示。

**图 1.1.22　取下笔记本电脑电池**

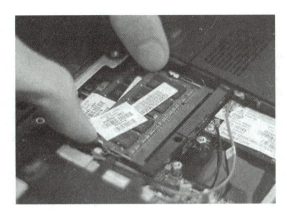

图 1.1.23　安装内存

### 3. 加装固态硬盘

（1）找到固态硬盘接口，将固态硬盘插入接口，并且固定好，如图 1.1.24 所示。

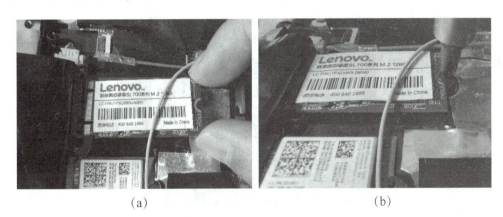

（a）　　　　　　　　　　　　　　　　（b）

图 1.1.24　加装固态硬盘

（2）安装笔记本电脑护板，装上电池并接好电源，开机系统正常启动，则内存及固态硬盘升级完成。

## 【任务拓展】　台式计算机升级内存

台式计算机
升级内存

### 1. 任务说明

张静还有一台台式计算机，在使用中也感觉运行速度慢，于是请李明帮忙升级内存。

### 2. 操作提示

（1）使用鲁大师或 CPU-Z 查看硬件信息，根据兼容性确定内存的购买范围，最好选择同一型号内存。

（2）拔掉主机电源，使用螺丝刀取下主机箱背后的螺丝，打开机箱盖板，如图 1.1.25 所示。

（3）将内存插槽的卡扣向两边打开，根据内存条接口确定内存条的方向，如图 1.1.26 所示。

图 1.1.25　取下机箱背面螺丝

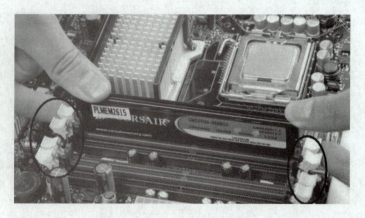

图 1.1.26　打开卡扣

（4）双手拇指将内存条按进插槽，直到两边卡扣自动合上卡住内存条两端，如图 1.1.27所示。

图 1.1.27　安装内存

（5）盖上主机盖板，接通电源，打开计算机，待计算机正常启动，内存升级完毕。

【拓展延伸】 **首款纯国产"中国芯"内存条大规模量产**

2020 年 7 月，一款名为"光威弈"Pro 系列的内存条在深圳坪山区大规模量产。消息称，这是首款"中国芯"内存条，从元器件到制造，都是纯国产，打破了国外的技术垄断。

"光威弈"Pro 系列内存条从芯片制造、封装，到模组测试、制造，全链条都实现了国产自主化，其中最难生产的元器件——闪存颗粒由合肥长鑫存储技术有限公司（简称长鑫存储）提供。长鑫存储已经建成了一座 12 英寸晶圆厂，其生产的内存芯片采用国产第一代 10nm 级工艺制造，已大规模投产。长鑫存储内存芯片自主研发的成功，直接打破了三星、SK 海力士以及美光科技等国外公司在此领域的垄断。"光威弈"Pro 系列的大规模量产，更是标志着核心技术国产化更进一步。

## 项目小结

通过本项目的学习，学生学会了使用第三方软件对系统进行优化的方法，使用软件对删除了的文件进行恢复的方法，以及升级内存及加装固态硬盘等存储设备的办法。

## 课后作业

1. 分小组对同学们的计算机进行系统优化加速，修复漏洞。

2. 分小组对同学们的U盘进行数据恢复，恢复以前删除的数据。

3. 尝试自己升级家里的台式计算机或者笔记本电脑。

# PROJECT 2 项目二

## 日常业务处理

### 项目概述

李明快毕业了，为了应聘，他精心制作了一份简历，用家里的打印机打印出来，还用喷墨打印机打印了一张彩色的生活照；期间还用热转印技术为班上的篮球队制作了篮球服。本项目完成 3 个任务，其内容结构如图 1.2.1 所示。

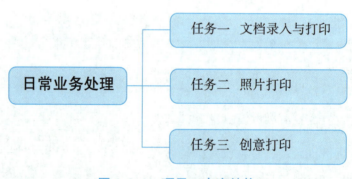

图 1.2.1 项目二内容结构

### 项目目标

- 了解打印机的种类和参数，学会选择符合要求的文档打印机。
- 了解照片打印机的种类和参数，学会连接和使用照片打印机打印照片。
- 学会使用热转印纸和打印机制作个性 T 恤。

💡 **小知识：求职简历**

　　求职简历又称为求职资历、个人履历等，是求职者将个人信息经过分析整理表述出来的书面求职资料，应真实、准确地展示个人的经历、经验、技能、成果等内容，一份好的求职简历可以为面试第一印象加分。学生的求职简历一般包括以下几个方面的内容。

　　（1）个人资料：姓名、性别、出生年月、家庭地址、政治面貌、婚姻状况、身体状况、兴趣、爱好、性格等。

　　（2）学业有关内容：就读学校、所学专业、学位、外语及计算机掌握程度等。

　　（3）本人经历：入学以来的简单经历。

　　（4）所获荣誉：三好学生、优秀团员、优秀学生干部、专项奖学金等。

　　（5）本人特长：如计算机、外语、驾驶、文艺体育等。

# 任务一　文档录入与打印

## 【任务说明】

　　李明在制作简历时参考了很多资料，尝试用了语音输入、光学识别输入、文字录入等多种方法录入文档，然后用家里的激光打印机打印出来。

　　学生通过本任务的学习要达到3个目的：一是掌握快速录入文字的方法，二是学会连接打印机和安装打印机驱动程序，三是学会使用打印机按要求打印文档。打印机与计算机连接示意图如图1.2.2所示。

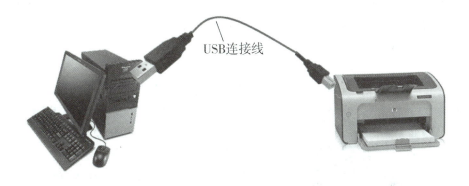

**图 1.2.2　打印机与计算机连接示意图**

### 1. 认识语音输入

语音输入是通过语音录入文字，它是人工智能技术的典型应用之一，目前市场上的很多输入法软件均支持语音输入功能，1 分钟大约可以录入 400 个字，常用的有讯飞输入法、百度输入法等，如图 1.2.3 所示。

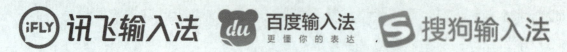

**图 1.2.3　常用语音输入法**

### 2. 认识光学识别输入

光学识别输入又称为光学字符识别（OCR），是通过扫描、截图等光学输入方式，将各类书籍、报刊等转化为图像，再将图像识别为文字的技术。OCR 在计算机上可以使用扫描仪以及 ABBYY FineReader、QQ 屏幕识图等工具完成，在移动设备上可以使用扫描全能王等 OCR 小程序。常用的 OCR 工具如图 1.2.4 所示。

**图 1.2.4　常用的 OCR 工具**

### 3. 认识打印机

打印机是一种计算机输出设备，是家庭和办公场所较为常见的印刷设备，能方便地将计算机内存储的电子文档或照片输出到纸张或者透明胶片上。打印分为黑白打印和彩色打印，考虑耗材和经济性，文档打印以黑白打印为主，图片和特效打印以彩色打印为主。

（1）分类。根据不同打印原理，打印机分为喷墨打印机、热敏打印机、激光打印机、针式打印机等，如表 1.2.1 所示。

**表 1.2.1　常见不同类型的打印机**

| 类型 | 图示 | 说明 |
|---|---|---|
| 喷墨打印机 |  | 将油墨经喷嘴变成细小微粒喷到印纸上，分为黑白打印机和彩色打印机，普通喷墨打印分辨率在 720dpi 以上 |

续表

| 类型 | 图示 | 说明 |
|---|---|---|
| 热敏打印机 | | 打印头加热并接触热敏打印纸后进行打印，多用于电子付款机（Point of Sale，POS）、票据凭证打印机等，通常分辨率为 203dpi 或 300dpi |
| 激光打印机 | | 图像通过激光束在打印机感光鼓上进行扫描生成，激光打印机的分辨率一般在 600dpi 以上 |
| 针式打印机 | | 通过打印头中针头击打复写纸形成字体，分为 9 针和 24 针，通常针式打印机的分辨率为 180~360dpi |

💡 **小知识：dpi 和 ppm**

dpi（Dots Per Inch）指每一英寸长度中，取样、可显示或输出点的数目，即每英寸点数，是衡量打印机打印精度的主要参数之一，一般来说 dpi 数值越大精度越高。

ppm（Pages per minute）指每分钟打印的页数，这是衡量打印机打印速度的重要参数，数值越高打印速度越快。

（2）主要参数。打印机主要的参数有打印分辨率、打印速度、打印幅面等。

①打印分辨率。打印分辨率又称为输出分辨率，通常以"dpi"表示，打印分辨率越高，打印输出的效果越精细越逼真，当然输出时间也就越长。

②打印速度。打印速度是指打印机每分钟打印输出的纸张页数，单位"ppm"，如 30ppm 代表打印机每分钟可以打印 30 页。

③打印幅面。打印幅面是打印机可打印输出的面积，而最大打印幅面就是指打印机所能打印的最大纸张面积，通常打印幅面有 A3、A4 等。

（3）机身结构。打印机的外部主要结构类似，打印机的正面包括进纸盒、出纸盒和电源开关。进纸盒可以根据纸张大小调节卡纸器，提高打印效果。如图 1.2.5 所示。

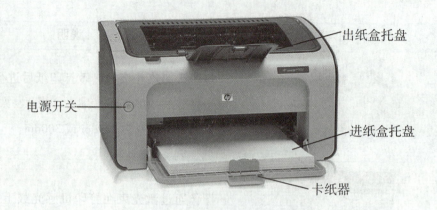

图 1.2.5　打印机正面

打印机背面有通用串行总线（Universal Serid Bus，USB）接口、电源线插口。USB 接口直接与计算机进行连接，如图 1.2.6 所示。

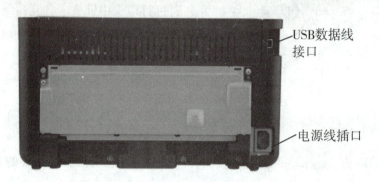

图 1.2.6　打印机背面

（4）连接线。打印机连接到计算机有无线连接和有线连接两种方式。有线连接采用的线缆接头主要有 USB 接口、并口和网线头 3 种，如图 1.2.7 所示。

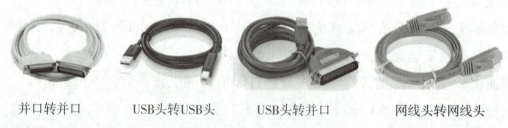

并口转并口　　　　USB头转USB头　　　　USB头转并口　　　　网线头转网线头

图 1.2.7　打印机主要连接线

（5）打印云盒。打印云盒又称为打印服务器，连接上打印机后，可以实现手机 App 打印、远程打印等功能。常见的打印云盒有钉钉智能打印云盒、WISIYILINK 打印机服务器、蓝阔等品牌，如图 1.2.8 所示。

**图 1.2.8  打印云盒**

### 4. 设备准备

根据任务说明的要求，需要的设备及材料清单如表 1.2.2 所示。

**表 1.2.2  任务所需设备及材料清单**

| 名称 | 图示 | 说明 |
|---|---|---|
| 打印机 | | 普通的激光打印机，带 USB 接口 |
| 台式计算机 | | 普通带 USB 接口的台式计算机，也可以用笔记本电脑代替（均需带传声器） |
| USB 连接线 | | 打印机专用 USB 数据线 |
| 打印纸 | | A4 幅面的打印纸 |

【任务实施】

文档录入与打印

李明把储藏间里的激光打印机抱出来，清洁了灰尘，准备用来打印简历。任务需要 4 步，分别是录入文字、连接打印机、安装打印机驱动程序和打印文档。

### 1. 录入文字

为了提高文字录入效率，李明采用讯飞输入法的语音输入功能，以及 QQ 屏幕识图功能。

（1）下载安装。登录讯飞官网，下载并安装 Windows 版讯飞输入法，如图 1.2.9 所示。

（2）语音输入。打开简历文档，选择讯飞输入法，启用语音功能，用传声器录入语音，

如图 1.2.10 所示。

图 1.2.9　下载输入法

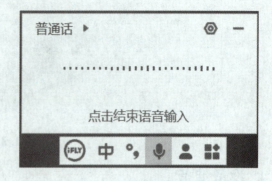

图 1.2.10　语音输入

（3）QQ 屏幕识图。浏览器搜索到的一些参考文字不能复制，还有些文字是以图片的形式呈现的，此时可打开 QQ 聊天窗口，选择屏幕识图功能截取需要识别的文字，如图 1.2.11 所示。

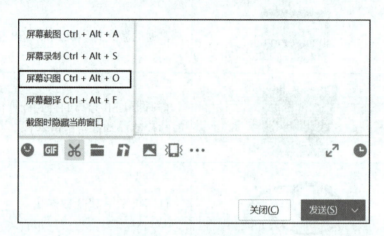

图 1.2.11　QQ 屏幕识图

### 2. 连接打印机

（1）按照图 1.2.2 所示的方式将 USB 连接线的两端分别接入台式计算机和打印机的 USB 口。

> **技巧提示**
>
> 　　打印机的 USB 数据线为一头扁口，一头方口，其中扁口连接计算机 USB 接口，方口连接打印机数据接口。

（2）将电源线接入打印机的电源插口，打开电源开关，此时打印机的 2 个指示灯会不断闪烁，随后亮绿灯，此时打印机处于待机状态。

### 3. 安装打印机驱动程序

（1）使用配套驱动光盘或在官网下载驱动程序。运行驱动安装程序，依据提示完成驱动程序安装。

（2）在【开始】菜单中选择【设备和打印机】选项，将鼠标指针移至装好的打印机图标上并单击鼠标右键，在弹出的快捷菜单中选择【属性】命令，在打开的对话框中单击【打印测试页】按钮，打印出测试页表示打印机安装成功，如图 1.2.12 所示。

图 1.2.12　打印测试页

💡 技巧提示

　　目前，多数打印机与计算机连接后会自动安装驱动程序，但最好安装官方的驱动程序。

### 4. 打印文档

（1）将 A4 标准的打印纸放入打印机的进纸盒中，用 Word 打开自荐书文档，如图 1.2.13 所示。

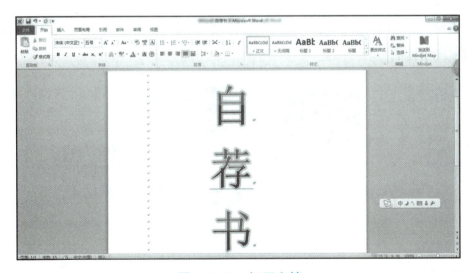

图 1.2.13　打开文档

（2）选择【文件】→【打印】选项，如图 1.2.14 所示，或按【Ctrl+P】组合键，打开打印选项界面。

（3）设置打印机参数。依次设置【打印份数】，选择【打印机】，输入打印的【页码范围】，选择【纸张大小】，设置好后单击【打印】按钮，如图 1.2.15 所示。

图 1.2.14　选择【文件】→【打印】选项

图 1.2.15　设置打印参数

随后打印机自动打印自荐书。通过以上步骤，即可完成文档录入与打印的操作。如果需要输出电子版的个人简历，可以选择 PDF 打印机，将文档打印为 PDF 格式的文件。

【任务拓展】　使用打印云盒

### 1. 任务说明

朋友给李明推荐打印云盒，打印机连接上打印云盒后，可以实现手机远程打印。设备连接示意图如图 1.2.16 所示。

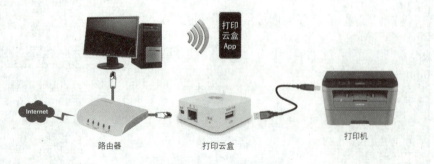

图 1.2.16　设备连接示意图

### 2. 操作提示

（1）连接设备。根据设备连接示意图连接设备，并接通电源。

（2）设置打印云盒。在手机上安装打印云盒的 App，依据使用说明书连接打印机，进行打印测试。

【拓展延伸】　节约用纸倡议

　　日常生活中离不开打印纸、印刷纸等纸制品。纸张生产的第一步是砍伐树木；第二步是对造纸的原材料进行处理，包括木材处理、制浆、筛分、洗涤、增浓、漂白等工序；第三步是造纸，包括纸浆浆料的处理、造纸机运转、润饰等工序。造纸不仅会消耗众多的木材，还会消耗大量的水资源。因此，在日常生活中提倡使用再生纸。在使用打印纸张时有以下办法节约用纸。

　　（1）双面打印，提高纸张的利用率，达到节约用纸的目的。

　　（2）缩小字号，调整页边距为窄边距。

　　（3）尽量使用电子文档，根据事情重要程度合理安排是否打印出来。

　　（4）酌量打印，打印时认真，尽量不打印次品。

　　（5）二次利用，使用过的纸张可以当作草稿纸等，尽量节约每一张纸。

# 任务二　照片打印

【任务说明】

　　在打印好简历后，根据面试公司的要求还需要一张自己的生活照，李明决定用照片打印机打印。

　　学生通过本任务的学习应学会使用照片打印机打印照片。设备连接示意图如图 1.2.17 所示。

USB连接线

彩色照片打印机　　　　　　　　　　　台式计算机

图 1.2.17　设备连接示意图

【任务准备】

### 1. 认识照片打印机

照片打印机，顾名思义，用于打印照片的打印机。

（1）分类。照片打印机的分类方式有许多，按照工作原理分为喷墨照片打印机和热升华照片打印机，按照使用场合及大小分为桌面照片打印机、喷墨一体机、便携式照片打印机和大幅面喷墨打印机，具体如表1.2.3所示。

表1.2.3　照片打印机分类

| 分类方式 | 类型 | 图示 | 说明 |
|---|---|---|---|
| 工作原理 | 喷墨照片打印机 | | 属于喷墨打印机的一种，一般具备不超过3皮升的超微墨滴打印技术，保证细致的打印效果和明显的层次感，通常有6~8个不同颜色的墨盒，色彩表现能力很强 |
| | 热升华照片打印机 | | 将青色、品红色、黄色和黑色4种颜色（简称CMYK）的固体颜料放置在一个转鼓上，通过加热转鼓上的半导体元件，将固体颜料转化为气态后喷射到打印介质上，形成亮丽的彩色图片 |
| 使用场合及大小 | 桌面照片打印机 | | 体积不大，常用于打印照片、信封、明信片等，常用于家庭和普通办公室 |
| | 喷墨一体机 | | 有打印、复印、扫描、传真等功能，适用于商务办公，一般在公司和企业常见 |
| | 便携式照片打印机 | | 体积很小，可与计算机连接，也可直接与手机、U盘连接，读取照片信息进行打印，大多支持无线打印，自带锂电池，适合家庭使用 |
| | 大幅面喷墨打印机 | | 体积很大，用于喷绘打印大幅面的广告招贴画等，一般用于专业广告公司 |

（2）主要结构。喷墨照片打印机属于喷墨打印机的一种，除了具有其他喷墨打印机的功能，还有方便的照片打印的功能，机身主要由进纸盒、墨盒、控制面板、出纸盒等几部分组成。照片打印机正面如图 1.2.18 所示。

这款照片打印机的墨盒是 6 色墨盒，控制面板除了开关按钮，还有 Wi-Fi 连接以及照片删除和墨盒清洗功能按钮，如图 1.2.19 所示。

图 1.2.18　喷墨照片打印机正面

图 1.2.19　墨盒和控制面板

喷墨照片打印机的背面和一般打印机一样，包含 USB 接口和电源插口，如图 1.2.20 所示。

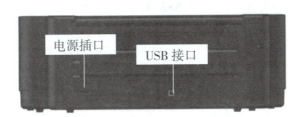

图 1.2.20　喷墨照片打印机背面

### 2. 认识照片打印纸

照片打印纸是指打印照片时使用的一种纸。它在普通纸的基础上增加了特殊涂层，看起来更加光亮，能够快速吸收颗粒极小的墨水，长时间保持照片颜色鲜艳，如图 1.2.21 所示。

（1）照片打印纸分类。照片打印纸按照表面的质感可以分为高光照片纸、绒面照片纸、亚高光照片纸、专业照片纸、无光泽照片纸、背胶照片纸等；按照材质可以分为膨润型、铸涂型、微孔型，如表 1.2.4 所示。

图 1.2.21　照片打印纸

表 1.2.4　照片打印纸按照材质分类

| 名称 | 图示 | 原理 | 特点 |
|---|---|---|---|
| 膨润型 |  | 将聚乙烯醇（PVA）涂布于原纸上形成膨润型涂层，当墨滴喷射在涂层表面时，聚合物吸收水分膨胀 | 不防水，亮度高，打印完成后需要一定的干燥时间，价格便宜 |
| 铸涂型 |  | 将微米级的二氧化硅涂布于原纸上，经过特殊工艺处理，亮度和白度都可以达到传统相纸的水平 | 有一定防水性，亮度稍低，打印后相纸有一定程度变形，价格适中 |
| 微孔型 |  | 将纳米级二氧化硅或氧化铝涂布于原纸上，形成类似蜂巢的微孔，墨水打印上去后，马上被吸收 | 防水性能较好，即干，亮度较高，价格较贵 |

（2）常见照片尺寸。照片大小有固定的尺寸，常见的照片尺寸对照表如表 1.2.5 所示。

表 1.2.5　常见的照片尺寸对照表

| 照片规格 | 尺寸（英寸） | 尺寸（厘米） |
|---|---|---|
| 3R（5 英寸） | 5×3.5 | 12.7×8.9 |
| 4R（6 英寸） | 6×4 | 15.2×10.1 |
| 5R（7 英寸） | 7×5 | 17.7×12.7 |
| 6R（8 英寸） | 8×6 | 20.3×15.2 |
| 8R（10 英寸） | 10×8 | 25.4×20.3 |
| 10R（12 英寸） | 12×10 | 30.5×25.4 |
| 16 英寸 | 16×12 | 40.64×30.48 |
| 18 英寸 | 18×12 | 45.7×30.48 |

### 3. 设备准备

根据任务说明的要求，需要的设备及材料清单如表 1.2.6 所示。

表 1.2.6　任务所需设备有材料清单

| 名称 | 图示 | 说明 |
|---|---|---|
| 照片打印机 | | 照片打印机，带 USB 接口 |
| 台式计算机 | | 普通带 USB 接口的台式计算机 |
| USB 连接线 | | 打印机专用 USB 数据线 |
| 照片打印纸 | | 膨润型高光照片打印纸 |

照片打印

## 【任务实施】

任务需要 4 步完成，分别是连接打印机和台式计算机、安装驱动程序、美化图片及打印图片。

### 1. 连接打印机和台式计算机

按图 1.2.17 所示用 USB 数据线连接打印机和台式计算机，打开打印机电源。

### 2. 安装驱动程序

（1）关闭打印机电源。

（2）使用配套驱动光盘或下载好的打印机驱动程序，在台式计算机上进行安装，按照安装提示进行，当屏幕提示用户确认打印端口时，打开打印机电源，如图 1.2.22 所示。

### 3. 美化图片

（1）使用 Photoshop 新建文件，参数设置为 6 英寸照片大小，即宽度 4 英寸、高度 6 英寸，颜色模式设定为 CMYK 颜色，分辨率为 300 像素/英寸，如图 1.2.23 所示。

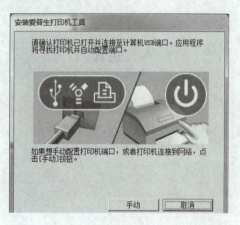

**图 1.2.22　安装打印机驱动程序提示**
**用户确认打印端口**

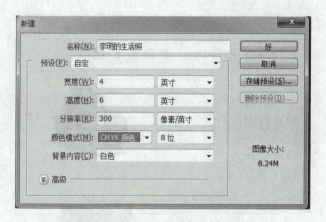

**图 1.2.23　新建文件**

（2）打开照片，用矩形选框工具将图片选中，用移动工具将图片拖曳至已经建好的文件上，用【Ctrl+T】组合键调整图片大小，如图 1.2.24 所示。

（3）按【Ctrl+M】组合键打开"曲线"对话框，适当调整图片的亮度，如图 1.2.25 所示。

**图 1.2.24　调整图片的大小**

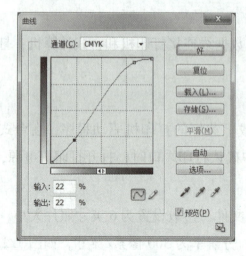

**图 1.2.25　调整图片的亮度**

## 4. 打印图片

（1）在 Photoshop 中执行【文件】→【打印】命令，弹出设置界面，在【打印机】下拉列表中选择所需打印机，设置【份数】，如图 1.2.26 所示。

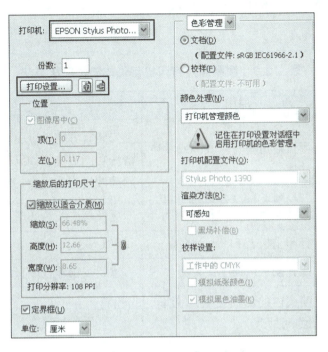

**图 1.2.26　打印设置**

（2）单击【打印设置】按钮，弹出属性对话框，在【质量选项】栏中选择【照片】单选按钮，设置【尺寸】为 4 英寸×6 英寸，如图 1.2.27 所示。

（3）单击【高级】按钮，设置打印速度和边缘处理，如图 1.2.28 所示。

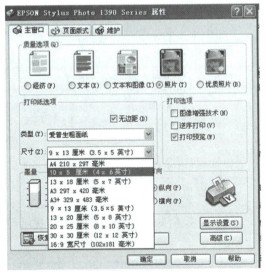

**图 1.2.27　设置质量选项和尺寸**　　　　**图 1.2.28　高级设置**

（4）将照片打印纸装入打印机，随后依据提示完成照片打印。

## 【拓展延伸】 喷墨照片打印机简单故障处理

喷墨照片打印机随着使用时间的推移，不可避免会出现故障。表1.2.7列出了常见的一些故障及解决办法。

表1.2.7　喷墨照片打印机常见故障及解决办法

| 序号 | 现象 | 原因 | 解决办法 |
|---|---|---|---|
| 1 | 印有空白区字迹或图片不连续，出现有规律空白、横道 | 墨盒通道中有空气，或者喷头堵塞 | 安装官方完整版驱动程序，使用其中的打印头清洗功能清洗，如果仍然不能解决，则需要用专用药液浸泡或更换打印头 |
| | | 某种颜色的墨用完 | 更换相应颜色的墨盒 |
| | | 打印主板上F1保险烧坏 | 请专业人士更换 |
| 2 | 系统提示找不到墨盒 | 没有按正常程序安装墨盒 | 重新按正常程序安装一次墨盒 |
| | | 喷头内的测墨金属片变形、锈蚀或油污 | 取出墨盒，调整、清洁金属片后重新安装 |
| 3 | 字迹或图片上下错开，出现空白横道，声音异常大 | 导轨、字车磨损严重 | 更换导轨、字车、油毡 |
| | | 缺少润滑油 | 清洁导轨、字车，加注专用润滑油 |
| | | 工作环境温度偏低 | 利用吹风机等设备提高环境温度 |
| | | 外力阻挡字车 | 清除字车通道上的杂物 |
| 4 | 打印出的颜色与屏幕显示的差别较大 | 缺色（某一种颜色未喷出或用完） | 加墨或者更换墨盒 |
| | | 打印头角度调整不当 | 用专用软件调整 |
| | | 照片打印纸或墨盒不合格 | 更换合格的照片打印纸或墨盒 |
| 5 | 进纸异常 | 进纸不到位，有异物挡住进纸通道 | 清除异物 |
| | | 进纸褶皱，纸张不平 | 更换打印纸 |
| | | 进纸架变形 | 调整或更换进纸架 |
| | | 两侧搓纸轮磨损不一致 | 同时更换两侧的搓纸轮或将两侧搓纸轮橡胶套换位 |

任务三 ▶ 创意打印

## 【任务说明】

全校要举行篮球比赛，为了彰显班级特色，增强凝聚力，同学们希望能穿上有个性图案的篮球服参加比赛，篮球服上要印上个性化的图案。李明在社团指导老师那里学到的热转印技术正好派上用场。

学生通过本任务的学习，学会创意打印技术。首先需要在计算机上设计图案，然后把图案打印在热转印纸上，再用电熨斗熨烫在衣服上，实现图案的转印，制作流程如图 1.2.29 所示。

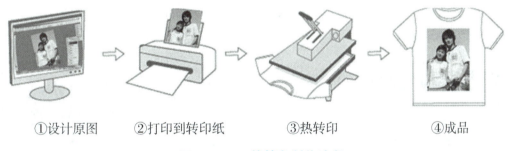

①设计原图　　②打印到转印纸　　③热转印　　④成品

**图 1.2.29　热转印制作流程**

## 【任务准备】

### 1. 认识热转印

转印是指将中间载体薄膜上的图案转移到承印物上的一种印刷方法。根据采用工艺的不同，转印可分为热转印、气转印、低温转印等。

热转印是一项新兴的印刷工艺，就是经过加热加压将图案转印到各种材质产品上的方法。热转印分为转印膜印、转印加工两步，首先将图案印在热转印纸表面，即转印膜印，然后使用热转印机加热加压将热转印纸上的图案转印在产品表面，即转印加工，成型后图案与产品表面溶为一体，逼真漂亮。

### 2. 认识热转印纸

热转印纸是在热转印工艺中使用的纸张，它通常分为浅色热转印纸和深色热转印纸两类。

（1）浅色热转印纸。浅色热转印纸适合在浅色的衣物上印制图案，如图1.2.30所示。通过浅色热转印纸转印的图案色彩还原度高、不起皱、有弹性、手感极佳，是转印T恤、印制个性文化衫的最佳选择，转印效果如图1.2.31所示，浅色热转印纸最好使用防水墨水打印。

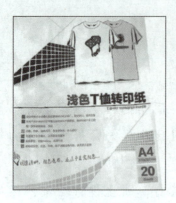

图1.2.30　浅色热转印纸

图1.2.31　浅色热转印T恤

（2）深色热转印纸。深色热转印纸用来印制深色的衣服，如图1.2.32所示。深色的衣服颜色太深，覆盖其他颜色的能力强，所以需要介质把图案印上去，这就需要深色热转印纸，转印效果如图1.2.33所示。

图1.2.32　深色热转印纸

图1.2.33　深色热转印T恤

💡 **小知识：热转印纸正反面区分**

热转印纸是有正反面之分的，热转印纸的正面就是打印面，有3种方法可以确定热转印纸的打印面。

1. 视觉辨别法

热转印纸的两面用肉眼就能够分别出来，一面比较亮，另一面比较暗，比较暗的那面就是正面，也就是打印面。

**2．触觉辨别法**

用双手分别去接触热转印纸的两面，纸面粗糙的一面就是打印面。

**3．空气暴露法**

由于热转印纸表面是有热转印涂层的，当暴露在空气中的时候，就会发生弯折的现象，发生弯折时方向朝里的那面就是打印面。

### 3．认识烫画机

烫画机通过发热板发热，用一定的压力、特定的温度和时间，将转印纸上的图层贴合到承印物上，如图 1.2.34 所示。

💡 **技巧提示**

一台烫画机价格较贵，家用电熨斗基本每个家庭都有，可用家用电熨斗来代替平板烫画机。

图 1.2.34　烫画机（左）与家用电熨斗（右）

烫画机可以将各种图案经热转印烫在棉、麻、化纤等织物上，还能烫染在丙烯腈-丁二烯-苯乙烯（ABS）树脂、聚乙烯（PE）、聚丙烯（PP）、乙烯-醋酸乙烯酯共聚物（EVA）、皮革、不锈钢、玻璃、木材、有涂层金属等材质上。烫画机使用方便，制作出的图案精美，是传统刺绣和丝网印花的良好替代品。

### 4．设备准备

班上的篮球服是白色 T 恤，应选择浅色热转印纸，需要的设备及材料清单如表 1.2.8 所示。

表 1.2.8　任务所需设备及材料清单

| 名称 | 图示 | 说明 |
|---|---|---|
| 打印机 | | 普通的彩色喷墨打印机 |
| 笔记本电脑 | | 安装了 Photoshop 软件的笔记本电脑，进行图形设计，也可用台式计算机 |
| 热转印纸 | | 浅色热转印纸，完成浅色衣服的制作 |

续表

| 名称 | 图示 | 说明 |
|------|------|------|
| 家用电熨斗或平板烫画机 | | 将各种图案经热转印烫在棉、麻、化纤等织物上，家用电熨斗或平板烫画机均可 |
| 空白 T 恤 | | 浅色纯棉，最好是精梳棉 180 克以上的 T 恤 |
| 剪刀 | | 裁剪图案 |

【任务实施】

创意打印

本任务需要 4 步完成，分别是制作图案、打印图案、转印图案和完成图案转印。

### 1. 制作图案

（1）启动 Photoshop，新建一个 A4 纸张大小的页面，A4 是宽度 210 毫米、长度 297 毫米，分辨率设置为 200 像素/英寸，颜色模式用 RGB 颜色，如图 1.2.35 所示。

（2）在 Photoshop 里制作完成自己班级球队的标志（Logo），并保存为 JPG 格式输出。图 1.2.36 所示为完成的球队 Logo。

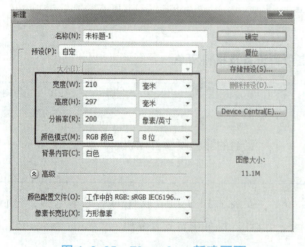

图 1.2.35　Photoshop 新建页面

图 1.2.36　球队 Logo

### 2. 打印图案

将制作完成的 Logo 通过彩色喷墨打印机打印出来。

（1）将热转印纸放入打印机，正面也就是打印面向上。

（2）在打印设置界面设置纸张类型为【HP 热转印纸】，设置质量为【最高】，一定要选中【镜像打印】复选框，如图 1.2.37 所示。

（3）打印冷却。热转印纸打印出来需要冷却几分钟，等墨水完全干后，再用手拿出来，以免弄花图案。

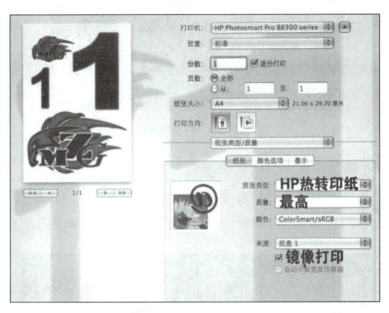

图 1.2.37　打印设置

---

💡 **小知识：镜像打印**

镜像打印原理和平常使用的印章的原理相同，是把图片左右翻转180°，就像照镜子一样，打印出来的图案是反向的。

### 3. 转印图案

（1）用剪刀将打印图案中多余部分剪掉，如图 1.2.38 所示。

（2）预热。将电熨斗开启预热，放好待用，此时灯会亮起，如图 1.2.39 所示。注意切勿使用蒸汽模式，蒸汽模式产生的水蒸气会把热转印纸上的墨水带走，致使转印出来的图案色彩不够艳丽、失色等。

图 1.2.38　裁剪图案

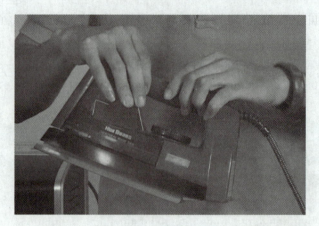

图 1.2.39　打开电熨斗

（3）将白色 T 恤平铺在桌面上，把裁剪好的图案反扣在白色 T 恤上，如图 1.2.40 所示。

（4）用预热好的电熨斗来回在热转印纸上面进行均匀熨烫，同时用力向下压，熨烫大约 15s，使热转印纸紧贴在白色 T 恤上，如图 1.2.41 所示，然后关掉电熨斗，冷却几分钟。

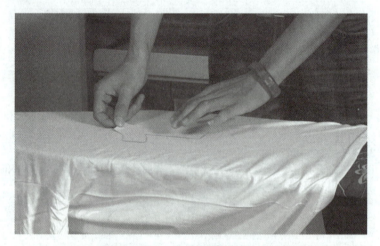

图 1.2.40　放置图案在 T 恤上

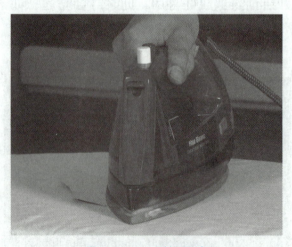

图 1.2.41　熨烫图案

### 4. 完成图案转印

衣服冷却以后，掀起热转印纸的任意一角，将外膜撕开，动作要细致，以免损伤画质，如图 1.2.42 所示。

最终完成转印的 T 恤如图 1.2.43 所示。

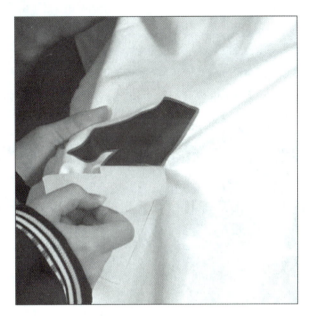

图 1.2.42　撕开外膜

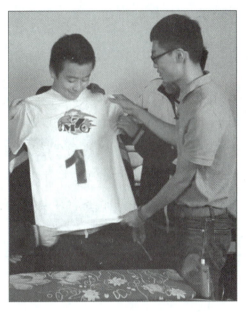

图 1.2.43　完成转印的 T 恤

## 【拓展延伸】　创意打印创业计划

### 1. 成本核算

一件文化衫 10 元，热转印纸 2 元，再加上墨水成本，计算可知一件个性文化衫制作成本保持在 20 元左右，相比市场上各样的品牌服装，不仅实惠，还能带来更多个性化元素。

### 2. 提问思考

除了制作文化衫，热转印技术还能运用到哪些方面？

### 3. 创业之路

打印机不仅仅可以用来打印文稿。突破传统思想，善于拓展应用办公设备，可以为生活增添色彩。使用热转印技术，可以开设实体店、淘宝店，制作文化衫、马克杯、照片餐盘、文化帽等。

## 项目小结

    通过本项目的学习，学生学会了日常办公业务的典型工作情景中文档的录入与打印、照片打印、热转印等技能与技术，同时还掌握了激光打印机、照片打印机、热转印纸等办公设备和办公耗材的概念、分类和使用方法。

## 课后作业

    1. 分小组设计制作自荐书，保存为 PDF 格式并打印出来，打印的过程中记录下打印机的型号，其属于哪一类打印机，以及打印机是如何与计算机连接的。

    2. 家里有喷墨打印机的同学尝试用普通的喷墨打印机打印自己的生活照片，并在课堂上分享打印的经验。

    3. 分小组在打印店调查打印照片的注意事项，并记录下打印机的型号及打印的效果等，形成书面报告。

    4. 分小组制作个性 T 恤，并在课堂上进行分享展示。

# PROJECT 3 项目三

## 多设备互联互通

### 项目概述

　　李明家里有无线路由器、笔记本电脑、智能手机、智能音箱等多种设备，这些设备实现了无线局域网、移动热点、远程控制及智能家居控制等功能。本项目完成 4 个任务，其内容结构如图 1.3.1 所示。

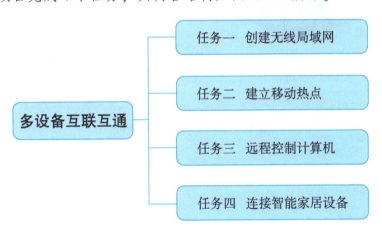

图 1.3.1 项目三内容结构

### 项目目标

- 学会创建无线局域网。
- 学会建立移动热点。
- 掌握远程控制计算机的方法。
- 能连接智能家居设备。

## 任务一　创建无线局域网

### 【任务说明】

无线路由器已经成为家庭上网的常见设备，家里的智能手机、笔记本电脑、台式计算机、平板电脑等均能通过无线路由器接入互联网。

学生通过本任务在无线路由器上创建无线局域网（WLAN），达到 2 个目的：一是学会连接无线路由器；二是学会设置无线路由器。设备连接示意图如图 1.3.2 所示。需要特别注意的是，接入互联网（Internet）有多种方式，这里采用的是 ASDL 接入方式。

图 1.3.2　设备连接示意图

### 【任务准备】

#### 1. 认识无线路由器

无线路由器是将有线网络信号转换成无线网络信号的设备。它同时将宽带网络信号通过天线转发给附近的无线设备，如手机、笔记本电脑、平板电脑等。无线路由器一般有复位键、电源插口、广域网（Wide Area Network，WAN）接口、局域网（Local Area Network，LAN）接口和无

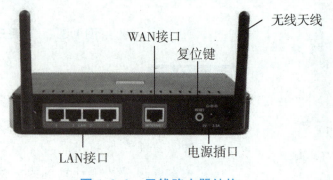

图 1.3.3　无线路由器结构

线天线等部件，如图 1.3.3 所示。

## 2. 设备准备

根据任务说明的要求，需要的设备清单如表 1.3.1 所示。

表 1.3.1　任务所需设备清单

| 名称 | 图示 | 说明 |
|---|---|---|
| 无线路由器 | | 普通无线路由器，带无线天线与有线接口 |
| 笔记本电脑或台式计算机 | | 笔记本电脑或台式计算机，需要通过网线接入无线路由器进行首次管理设置 |
| 智能手机 | | 测试 WLAN |
| 2 根网线 | | 两头均为 RJ45 标准网络接头，1 根连接计算机用于调试，1 根连接 WAN 设备 |
| ADSL 调制解调器 | | ADSL 方式接入互联网，也可以采用其他方式接入，如直接用网线 |

## 【任务实施】

创建无线局域网

任务需要 3 步完成，分别是连接设备、设置无线路由器和连接 WLAN。

### 1. 连接设备

用一根网线连接无线路由器 LAN 口和笔记本电脑，接上电源并开启，用另一根网线连接无线路由器 WAN 口和 ADSL 调制解调器（Modem），设备连接参考图 1.3.2。

💡 技巧提示

在无线路由器的面板上有相应接口的指示灯，包括电源插口及网络接口，注意指示灯的变化。

### 2. 设置无线路由器

（1）设置笔记本电脑 IP 地址为自动获得，如图 1.3.4 所示。

（2）查看无线路由器的底部，记下无线路由器的互联网协议（Internet Protocal，IP）地址，如 192.168.1.1，在笔记本电脑的浏览器中输入路由器的 IP 地址，在弹出的登录界面中输

入用户名和密码，初次用户名和密码一般均为 admin，具体可查看无线路由器说明书，如图 1.3.5所示。

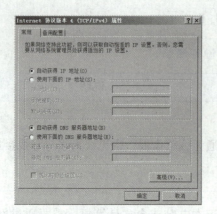

图 1.3.4　设置自动获得 IP 地址

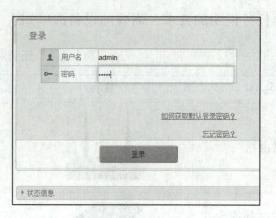

图 1.3.5　输入路由器用户名和密码

（3）完成登录后即可进入后台管理界面，设置上网方式。若无线路由器连接的是 ADSL Modem，需要设置为拨号方式，同时输入上网账号和密码，稍后提示连接成功，如图 1.3.6 所示。

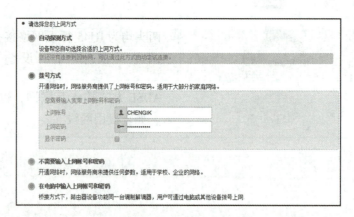

图 1.3.6　设置上网方式

（4）进入下一步后，输入服务集标识符（Service Set Identifier，SSID）名称，即无线热点的 SSID 名称和密码，保存后无线路由器会自动重新启动，如图 1.3.7 所示。

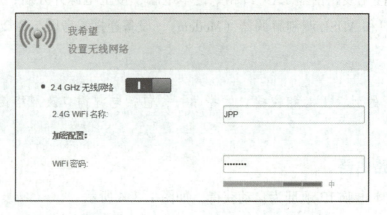

图 1.3.7　设置无线热点 SSID 和密码

### 3. 连接 WLAN

使用智能手机或笔记本电脑搜索 SSID，连接该 WLAN，并输入密码，连接成功。

## 【任务拓展】 手机 WLAN 信号桥

手机 WLAN
信号桥

### 1. 任务说明

李明的手机升级后发现了一个新功能"WLAN 信号桥"，手机可以将正在使用的 WLAN 网络共享给其他设备，让手机变成无线路由器的中继设备，扩大无线路由器的信号覆盖范围。规划拓扑如图 1.3.8 所示。

增大覆盖范围

测试用笔记本电脑

接入WLAN桥　　　　WLAN信号桥

**图 1.3.8　规划拓扑**

### 2. 操作提示

李明在自己的华为手机上进行了设置，并用笔记本电脑进行了接入测试。

（1）手机接入 WLAN，依次选择手机中的【设置】→【移动网络】→【移动网络共享】→【WLAN 信号桥】选项。

（2）开启 WLAN 信号桥，如图 1.3.9 所示，然后设置 WLAN 名称、密码。

（3）测试用笔记本电脑使用上一步设置的账号、密码接入手机 WLAN。

### 3. 讨论

手机 WLAN 信号桥可在哪些场合应用？

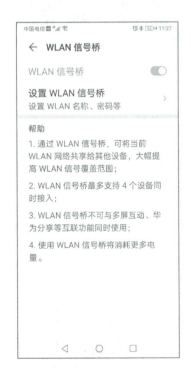

**图 1.3.9　开启 WLAN 信号桥**

【拓展延伸】 **无线网络维护技巧**

### 1. WLAN 网络安全

WLAN 有一个默认的 SSID 或网络名，在进行无线网络设置时应该立即更改这个名称，用文字和数字符号来表示。如果企业或单位具有网络管理能力，应该定期更改 SSID。最好取消 SSID 自动播放功能，这样就能有效避免对无线网络的非法攻击。

### 2. 无线路由器日常维护

（1）及时关闭。家用无线路由器由于使用的时间特点，建议在不用的时间将电源关闭，可以有效延长路由器的使用寿命。

（2）安全使用。不能将无线路由器置于灰尘较大的环境，不能在无线路由器附近摆放液体，一旦液体溅入路由器内可能导致路由器无法正常工作。

### 3. 无线路由器常见故障处理

（1）忘记密码，按下复位键，重新启动无线路由器。

（2）网速变慢，重新启动无线路由器。

---

# 任务二 ▶ 建立移动热点

## 【任务说明】

安装 Windows 10 的计算机连接网络后，可以创建移动热点。智能手机、平板电脑等设备可以通过该移动热点接入网络。

学生通过本任务学会使用安装 Windows 10 的笔记本电脑创建移动热点的方法。设备连接示意图如图 1.3.10 所示。

**图 1.3.10 设备连接示意图**

【任务准备】

### 1. 认识移动热点

移动热点就是将笔记本电脑、智能手机等设备的网络，通过 WLAN 的方式共享给其他设备使用，此时笔记本电脑、智能手机就相当于一个无线路由器。

### 2. 设备准备

根据任务说明中的设备连接示意图，需要的设备清单如表 1.3.2 所示。

表 1.3.2　任务所需设备清单

| 名称 | 图示 | 说明 |
|---|---|---|
| 笔记本电脑 |  | 笔记本电脑，或带无线网卡的台式计算机，安装了 Windows 10 系统 |
| 智能手机 |  | 普通智能手机，测试移动热点 |

建立移动热点

【任务实施】

本任务需要 2 步完成，分别是功能设置、接入移动热点。

### 1. 功能设置

（1）将笔记本电脑接入网络，有线、无线方式均可。

（2）依次选择【开始】→【设置】→【网络和 Internet】→【移动热点】选项，然后单击【共享我的以下 Internet 连接】下拉按钮，在下拉列表中选择要共享的网络，如图 1.3.11 所示。

图 1.3.11　选择要共享的网络

（3）单击【编辑】按钮，在弹出的窗口中编辑网络信息，设置网络名称及网络密码，最后保存，如图 1.3.12 所示。

（4）单击【与其他设备共享我的 Internet 连接】开关按钮，打开移动热点，如图 1.3.13 所示。

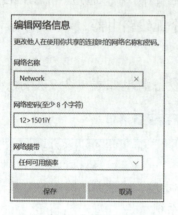

图 1.3.12　编辑网络信息

图 1.3.13　打开移动热点

### 2. 接入移动热点

在智能手机或其他设备上的 WLAN 设置中查找并选择上一步设置的移动热点网络名称及网络密码，然后进行连接。

## 【任务拓展】　创建手机 WLAN 热点

创建手机
WLAN 热点

### 1. 任务说明

周末李明邀请几个同学到家中聚会，家里无线路由器突然出现故障，正好刚买的智能手机获赠了大量流量，于是他将手机设置为移动热点，供大家上网使用。本任务的设备连接示意图如图 1.3.14 所示。

接收WLAN信号

发送WLAN热点信号

图 1.3.14　设备连接示意图

### 2. 操作提示

（1）手机开启移动数据，依次点击手机中的【设置】→【移动网络】→【移动网络共享】→【便携式 WLAN 热点】选项，然后点击开启开关按钮，如图 1.3.15 所示。

（2）点击【配置 WLAN 热点】项，在【配置 WLAN 热点】界面中按需设置网络名称（即 SSID）和密码，如图 1.3.16 所示。

图 1.3.15　开启 WLAN 热点

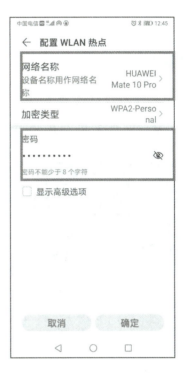

图 1.3.16　设置 WLAN 热点账号密码

（3）测试设备使用上一步设置的 SSID、密码，接入手机 WLAN 热点。

---

【拓展延伸】　怎么安全地共享移动热点

现在越来越多的人在没有网的地方，使用移动热点将流量共享给计算机上网，但这种共享很容易被别人"蹭网"，要想安全地共享移动热点，可以通过设置智能手机的"便携式WLAN 热点"的功能来实现。

（1）更复杂的密码。在设置【配置 WLAN 热点】中的密码时，密码设置为 8 位以上，同时采用英文大写字母、英文小写字母、数字、特殊字符混合的形式。

（2）限制流量。在【便携式 WLAN 热点】→【单次流量限制】中设置流量。

（3）限制接入设备。在【便携式 WLAN 热点】→【已连接设备】中查看设备，如果是未知设备，将它加入黑名单。

## 任务三 远程控制计算机

### 【任务说明】

通过操作系统自带程序、第三方程序等可以远程控制计算机。学生通过本任务学会使用 Windows 远程桌面控制计算机。远程控制连接示意图如图 1.3.17 所示。

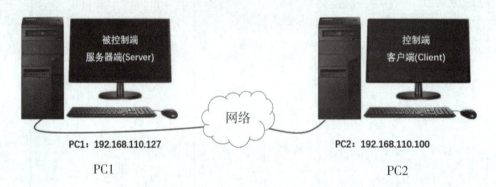

PC1: 192.168.110.127       PC2: 192.168.110.100

PC1               PC2

**图 1.3.17　远程控制连接示意图**

### 【任务准备】

#### 1. 认识远程控制

远程控制是指通过网络用一台设备去控制另外一台设备，被控制的计算机称为被控制端或服务器端，控制别人的计算机称为控制端或客户端，它们大量应用于远程运维、远程技术支持及远程办公等场合。

（1）Windows 远程桌面。Windows 远程桌面是单方面地控制对方的计算机。当某台计算机开启了远程桌面连接功能后，用户就可以在网络的另一端远程控制该计算机，在上面安装软件、运行程序等，所有的一切都好像是直接在该计算机上操作一样。

（2）Windows 远程协助。Windows 远程协助是主流 Windows 操作系统自带的功能，是指邀请别人控制自己的计算机。如图 1.3.17 所示，PC1 发起远程协助邀请，让 PC2 去控制 PC1。

（3）远程控制软件。Windows 自带的远程协助、远程桌面很难跨平台工作，不少公司开发了远程控制软件，拥有远程协助、远程桌面所有功能，而且个人计算机（Personal computer，PC）端、移动端均能使用，常用的有 QQ 远程桌面、向日葵、TeamViewer 等，如图 1.3.18 所示。

## 2. 设备准备

根据任务说明中的远程控制连接示意图，本任务需要连通网络的台式计算机或笔记本电脑 2 台。

图 1.3.18　远程控制软件

远程控制计算机

## 【任务实施】

本任务需要 2 步完成，分别是启用远程桌面和接入远程桌面。

### 1. 启用远程桌面

（1）在 PC1 中依次单击【控制面板】→【系统和安全】选项，在打开的【系统和安全】界面中单击【允许远程访问】超链接，如图 1.3.19 所示。

图 1.3.19　【系统和安全】界面

（2）在打开的【系统属性】对话框中选中【允许远程连接到此计算机】单选按钮，启用远程桌面，如图 1.3.20 所示。如果对安全要求较高，不希望任何计算机都可以连接，可以选中【仅允许使用网络级别身份验证的远程桌面的计算机连接】复选框。

（3）单击【选择用户】按钮，在打开的【远程桌面用户】对话框中按照提示选择允许远程登录的用户账号，这里选择的是 Administrator 账户，如图 1.3.21 所示。如果 Administrator 账户没有密码，应设置一个密码。

图 1.3.20　启用远程桌面

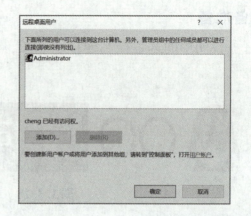

图 1.3.21　选择允许远程登录的用户账号

💡 **技巧提示**

允许远程登录的用户账号需要设置密码。

### 2. 接入远程桌面

在 PC2 中打开【运行】对话框，运行命令"mstsc"，在打开的【远程桌面连接】对话框中输入 PC1 的 IP 地址，然后单击【连接】按钮，如图 1.3.22 所示。随后在弹出的登录窗口中输入上一步的账号及密码即可。

图 1.3.22　远程桌面连接

【任务拓展】　**第三方软件远程控制**

第三方软件
远程控制

### 1. 任务说明

李明经常使用 QQ 的远程协助功能帮助同学解决计算机问题。最近有个行业上的朋友向他推荐向日葵远程控制软件，说可以实现计算机控制计算机、手机控制计算机等功能，李明决定试试。设备连接示意图如图 1.3.23 所示。

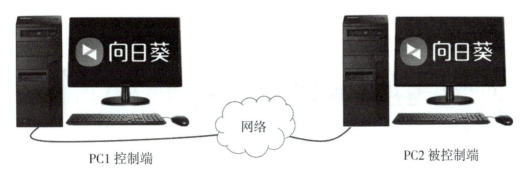

PC1 控制端　　　　　　　　　　　网络　　　　　　　　　　PC2 被控制端

**图 1.3.23　设备连接示意图**

## 2. 操作提示

（1）PC1、PC2 均从官网下载向日葵远程控制软件 Windows 版本，然后根据提示安装并运行软件。

（2）在 PC1 上输入 PC2 上的识别码、验证码，然后单击【远程协助】按钮，如图 1.3.24 所示。

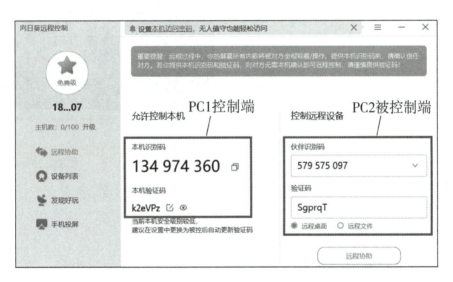

**图 1.3.24　运行向日葵远程控制**

（3）登录账号，如果没有账号需注册后登录，即可实现远程协助功能。

> 💡 **技巧提示**
>
> 　移动端设备操作方式与 PC 端类似，在移动端的官方应用市场下载、安装向日葵远程控制软件并运行，依照提示操作可实现远程控制计算机、手机投屏等功能。

## 任务四 连接智能家居设备

### 【任务说明】

当前越来越多的家居家电设备被赋予物联网（Internet of Things，IoT）功能，成了智能家居，不少厂商选择了家居中的智能音箱作为集中控制器，用它来控制其他设备。

学生通过本任务学会使用智能音箱并控器其他智能家居。连接示意图如图 1.3.25 所示。

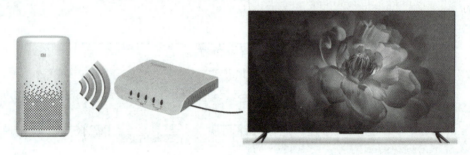

图 1.3.25　连接示意图

### 【任务准备】

#### 1. 了解智能家居生态链

智能家居已经成为物联网时代最大的风口之一，国内的华为、小米、百度等厂商纷纷向智能家居方向进军，IDC 预计 2021 年国内智能家居出货量达到 2.5 亿台。

随着智能家居行业发展，厂商之间的竞争将逐渐从单一产品扩展到生态，让家庭物联网生态被逐渐建立，智能开关、智能照明、智能传感、智能家电等设备被接入各大厂商提供的开放物联网平台，典型平台包括华为鸿蒙智联、小米 IoT 平台、阿里智能、京东微联等。智能家居如图 1.3.26 所示。

图 1.3.26　智能家居

#### 2. 认识智能音箱

智能家居生态最重要的一环无疑是控制系统，或者说控制中心，其中移动便捷、可语音识别和交互，甚至带有屏幕的智能音箱无疑是最适合的。

目前生产智能音箱的厂商较多，无论是阿里巴巴公司的天猫精灵、百度公司的小度音箱、小米公司的小爱音箱，还是华为公司的 Sound X 音箱，都具备生态内容和人工智能（Artificial Intelligence，AI）语音识别，还可以为家中其他的智能设备提供联动场景技术支撑，如图 1.3.27 所示。

（a）天猫精灵　（b）小度音箱　（c）小爱音箱　（d）Sound X 音箱

图 1.3.27　智能音箱

### 3. 认识智能遥控

目前智能手机已经成为物联网的"遥控器"，安装上支持物联网控制功能的应用程序（Application，App）即可实现"遥控器"功能，可以遥控汽车、智能音箱、智能摄像头等。使用智能手机的"智能遥控"功能，还可以对空调、电视机、机顶盒、投影机等设备进行控制。

### 4. 设备准备

根据任务说明中的连接示意图，需要的设备清单如表 1.3.3 所示。

表 1.3.3　任务所需设备清单

| 名称 | 图示 | 说明 |
|---|---|---|
| 智能音箱 |  | 小米公司的小爱音箱，也可以选择支持智能电视机的其他品牌音箱 |
| 智能电视 |  | 小米公司的智能电视机，也可以选择支持智能音箱的其他品牌电视 |

### 【任务实施】

连接智能
家居设备

本任务需要 3 步完成，分别是连接设备线缆、设置智能音箱、控制智能电视机。

#### 1. 连接设备线缆

按照连接示意图进行连接，其中小爱音箱插上电源，小米电视机接上电源和网线。

#### 2. 设置智能音箱

（1）登录 App。从手机官方应用市场下载小爱音箱 App，音箱通电后打开 App，此时要求登录账号，如果没有账号，注册后登录即可，如图 1.3.28 所示。

（2）连接智能音箱。App 会自动查找小爱音箱，并提示配置网络，输入无线网络 SSID 和密码，点击【连接】按钮，小爱音箱联网成功，如图 1.3.29 和图 1.3.30 所示。

图 1.3.28　登录 App　　　　图 1.3.29　自动查找音箱　　　　图 1.3.30　配置音箱网络

（3）语音控制智能音箱。连接好后，就可以使用语音控制小爱音箱了。例如，语音说"小爱同学"，小爱音箱会应答"哎，我在"，然后语音说"放首歌"，小爱音箱会进行音乐播放。

### 3. 控制智能电视

（1）智能电视机连接网络。智能电视机通电后，第一次使用，有线网络会进行自动连接，无线网络需要进行设置，按照提示输入无线 SSID 和密码即可。

（2）语音控制智能电视机。通过语音方式让小爱音箱控制智能电视机，如使用命令"开启电视机""关闭电视机"等。

## 【任务拓展】　手机智能遥控

手机智能遥控

### 1. 任务说明

家里的空调很久没有使用了，遥控器也找不到了，李明决定使用手机的"智能遥控"功能控制空调，这里使用华为手机进行介绍。

### 2. 操作提示

（1）打开智能遥控。打开手机中的"智能遥控"，如果没有该 App，可以去手机官方应用市场下载安装，打开后主界面就会有一个"加号"，选择要添加的设备，这里选择【空调】，如图 1.3.31 所示。

(a)

(b)

(c)

图 1.3.31　打开智能遥控

（2）匹配设备。首先选择空调品牌，这里选择【格力】，接下来就会进入调试阶段，对准电器，依次点击【电源】和【模式】按钮，根据电器设备的反应来判断"是"或"否"，如图 1.3.32 所示。

(a)

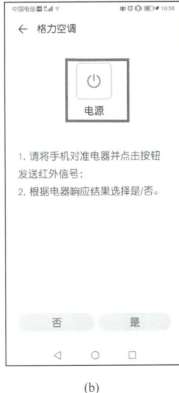
(b)

(c)

图 1.3.32　匹配空调型号

【拓展延伸】 **盘点高科技智能办公设备**

随着互联网信息技术不断发展，智能办公设备让工作更加快捷、轻松。

（1）无线充电。无线充电能减少各种电子设备的连接线。要实现无线充电，个人设备应具备无线充电的模块，同时必须集成无线充电的底座。

（2）无感知传感器。为了更好地提高员工工作效率，一些公司在员工工牌内集成了传感器，如果传感器感应到员工在工作时坐立不安，那么表示这个办公室空间需要更换新的办公椅。

（3）服务机器人。带有车轮的机器人已经被运用到一些行业和办公室设计。这些机器人基本上跟人高度一致并且都配备一个显示器，它们被用于监视写字楼并提供安保服务，还能与客户和员工进行互动，并执行一些简单的任务。

（4）小型无人机。这些小型的无人机搭载了摄像头，可以实现视频会议，并能转播这一画面；有些无人机也被企业管理者用于查看员工的活动；无人机还能用于运送邮件和包裹。

（5）高科技工作台。智能办公室家具行业将集成传感器添加到工作台中，这种桌子的传感器可以告诉员工他们已经工作多久了，调整什么姿势能够提高工作效率。

## 项目小结

通过本项目的学习，学生学会了创建无线局域网、常见移动热点、远程控制计算机以及连接智能家居设备的方法，同时了解了无线局域网、移动热点、远程控制、智能家居生态链等概念。

## 课后作业

1. 分小组使用无线路由器创建 WLAN，讨论怎样设置更安全。
2. 利用自己的笔记本电脑创建无线热点，查看连接个数，尝试断开已连接设备。
3. 分小组使用手机控制智能摄像头，分析并总结智能摄像头的应用场景。

# 模块二
# 办公室办公

李明从学校毕业后第一天到公司上班，看到宽敞明亮的办公室、整洁的会议室、温馨的办公桌、舒服的办公椅，还看到了计算机、打印机、复印机、云存储等很多办公设备。公司主管告诉他，现代化的办公会依托这些办公设备，要在不同的工作情境下灵活使用这些办公设备。本模块有3个典型项目，其内容结构如图2.0.1所示。

通过本模块的学习，学生应学会会议室办公场景中的会议室布置、日常业务处理及信息安全保障的方法。

办公室办公
- 项目一　会议室布置
- 项目二　日常业务处理
- 项目三　办公信息安全保障

图 2.0.1　模块二内容结构

# PROJECT 1 项目一

## 会议室布置

### 项目概述

下午有个重要会议在会议室举行，主管让李明去学习会议室布置的方法，熟悉会议室各种设备的使用。会议室布置通常会用到投影设备、笔记本电脑、传声器、音箱、功放等设备，另外有时还需要制作会议主题演示文稿封面，说明会议的主题、部门、时间等内容，本项目完成 3 个任务，其内容结构如图 2.1.1 所示。

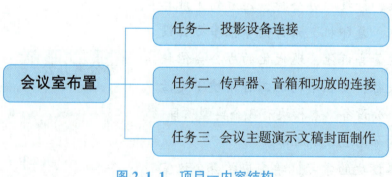

会议室布置 —
- 任务一 投影设备连接
- 任务二 传声器、音箱和功放的连接
- 任务三 会议主题演示文稿封面制作

图 2.1.1 项目一内容结构

### 项目目标

- 学会使用投影设备。
- 学会使用传声器、音箱、功放。
- 学会设置会议演示文稿背景的方法。

> 💡 **小知识：会议室**
>
> 　　会议室是开会的场所。会议室的布置以提高与会者的参与度和会议的效率质量为目标。会议室装修简洁舒适即可，不需要太复杂；装饰的方式温馨简单即可，不需要使用过多的色彩。会议室的种类有教室式、茶馆式、回字形、U字形等多种形式。
>
> 　　当前的会议室多以多媒体会议室为主，提供了投影设备、传声器、功放等基础设备。有些会议室还有中央控制器作为控制中心，控制会议室中的投影设备、电动屏幕、音响、室内灯光、电动窗帘等设备。更有一些高级会议室还有投票器、数字表决器、同声传译系统，以及用于远程会议的视频会议系统等，通过这些设备的不同搭配，满足各种不同会议的需要。

## 任务一　投影设备连接

### 【任务说明】

　　投影设备是现在会议室的标准配置，人们使用连接线将计算机连接到投影设备上，然后将计算机上的内容展示在投影屏幕上，方便与会人员集体观看。投影设备通常指投影仪，随着大屏幕平板电视技术越来越成熟，一些会议室也采用大屏幕平板电视作为投影设备。

　　本任务采用桌面安装的投影仪连接到笔记本电脑上，然后投影到投影屏幕的方式进行。学生通过本任务的学习应达到2个目的：一是学会投影设备连接的方法；二是学会笔记本电脑切换到投影设备的方法。设备连接示意图如图2.1.2所示。

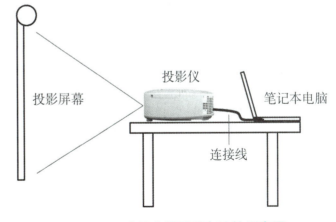

**图2.1.2　会议室投影设备连接示意图**

### 【任务准备】

#### 1. 认识投影仪

　　投影仪又称投影机，是一种可以将图像或视频投射到幕布上的设备，可以通过不同的接口同计算机、小型影碟（Video Compact Disc，VCD）机、数字通用光碟（Digital Versatile Disc，DVD）机、游戏机、数码摄像机等相连接并投影出来。投影仪广泛应用于家庭、办公

室、学校和娱乐场所。

（1）投影仪的分类。根据不同使用环境进行分类，投影仪分为家用型、商务型、教育型、会议型和专业型5种，它们的具体特点如表2.1.1所示。

表 2.1.1　不同类型的投影仪

| 类型 | 图示 | 使用环境 | 说明 |
| --- | --- | --- | --- |
| 家用型 | | 家庭环境 | 1500lm 左右，适合视频播放 |
| 商务型 | | 办公和移动办公 | 2000lm 以上，质量较小，方便携带 |
| 教育型 | | 学校和企业 | 2000lm 以上，质量适中，散热和防尘较好，性价比高，通常采用吊装方式 |
| 会议型 | | 中小会议室 | 2000~4500lm，较重，满足72~150 英寸的投影屏幕需求 |
| 专业型 | | 大型会场、报告厅、展览馆等 | 4500lm 以上，较重，多灯泡，满足 180 英寸以上投影屏幕需求 |

### 小知识：流明

描述光通量的物理单位，发光强度为 1 坎德拉（cd，坎德拉 Candela）的点光源，在一个立体角（1 球面度）内发出的光通量为"1 流明"，英文缩写 lm。

一个 40W 的普通白炽灯泡，可以发出约 400lm 的光；黑白电视机荧光屏大约 120lm；彩色电视机荧光屏大约 80lm。

（2）投影仪机身结构。投影仪结构类似，下面用明基公司的投影仪进行说明，投影仪正面如图 2.1.3 所示。遥控器需要对准红外传感器才能控制投影仪，如果遥控器不能使用，可直接操作机身控制按钮。当投影仪不使用时，一定要将防尘盖扣上，可以防尘和增加使用寿命。不定时清洁通风口的灰尘，可以防止投影仪过热和增加使用寿命。

投影仪背面主要接口如图 2.1.4 所示。背面的接口通过不同的线缆连接不同的设备，通常有视频接口（VIDEO）、超级视频接口（S-VIDEO）、视频图形阵列接口（Video Graphic Array，VGA）、高清晰度多媒体接口（High Definition Multimedia Interface，HDMI）、USB 接口等，当连接传统电视

机身控制按钮
投影仪类型
通风口
遥控器
红外传感器
投影镜头
防尘盖

**图 2.1.3　投影仪正面**

机时常用 VIDEO 及 S-VIDEO 接口，连接计算机时常用 VGA 接口或者 HDMI，如果没有对应的接口，可以用转接头进行转换。

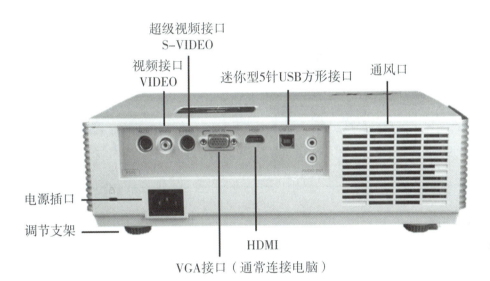

超级视频接口
S-VIDEO
视频接口
VIDEO
迷你型5针USB方形接口
通风口
电源插口
调节支架
HDMI
VGA接口（通常连接电脑）

**图 2.1.4　投影仪背面主要接口**

（3）投影仪安装方式。投影仪的安装方式有正投安装、吊顶安装和背投安装 3 种，如图 2.1.5 所示。任何一款投影仪都可以根据安装方式调整投射方式，对应地在投影仪菜单中可以选择正投、吊装、背投选项，正投采用普通的投影屏幕，有时为了方便可以直接投射在颜色单一的墙壁上，而背投使用专用的背投屏幕。

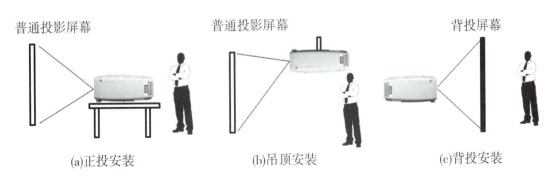

普通投影屏幕　　　　普通投影屏幕　　　　背投屏幕

(a)正投安装　　　　　(b)吊顶安装　　　　　(c)背投安装

**图 2.1.5　投影仪安装方式**

## 2. 设备准备

根据任务说明的要求，需要的设备清单如表2.1.2所示。

表 2.1.2　任务所需设备清单

| 名称 | 图示 | 说明 |
|---|---|---|
| 投影仪 |  | 普通的投影仪，带 VGA 接口 |
| 笔记本电脑 |  | 带 VGA 接口的笔记本电脑，也可以用带 VAG 接口的台式计算机代替 |
| VGA 连接线 |  | 两头均为 VGA 接口的线 |
| 投影屏幕 |  | 电动、手动的屏幕均可，实在无条件可用白色墙壁代替 |

## 【任务实施】

投影设备连接

任务需要4步完成，分别是连接投影仪、启动投影仪、笔记本电脑投影到屏幕和设置投影仪。

### 1. 连接投影仪

（1）将投影屏幕、投影仪、笔记本电脑按照图2.1.2所示摆放到适合的位置。

（2）将 VGA 线的一端插入投影仪的 VGA 接口，拧紧螺母，如图2.1.6所示。

💡 **技巧提示**

接线前应关闭所有设备电源；VGA 线头和 VGA 接口方向一致轻轻插入，如果插不进去，就换一个面试试；接头上的2个螺母都要拧紧。

（3）将 VGA 线的另外一端插入笔记本电脑的 VGA 接口，拧紧螺母，如图2.1.7所示。

图 2.1.6　投影仪连接 VGA 线　　　　图 2.1.7　笔记本电脑连接 VGA 线

### 2. 启动投影仪

（1）将电源线接入投影仪的电源插口，打开电源开关，投影仪的电源指示灯应有 1 个亮起，如图 2.1.8 所示。

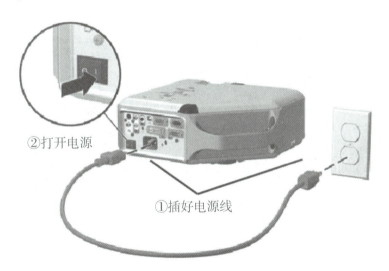

②打开电源

①插好电源线

图 2.1.8　接通投影仪电源

（2）取下投影仪防尘盖，如图 2.1.9 所示。

（3）使用遥控器的电源开关开启投影仪，此时投影仪的指示灯会不断闪烁，随后亮绿灯，如图 2.1.10 所示。

 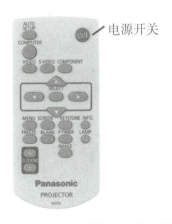

电源开关

图 2.1.9　取下投影仪防尘盖　　　图 2.1.10　使用遥控器开关开启投影仪

（4）启动之后投影仪会自动寻找输入信息，此时笔记本电脑还未开机，屏幕上会显示"无信号"。

### 3. 笔记本电脑投影到屏幕

（1）按下笔记本电脑电源按钮，如果笔记本电脑有自动识别投影仪的功能，笔记本电脑的屏幕会自动投影到投影屏幕上。

（2）笔记本电脑完全开启后，如果投影屏幕上还是无信息，按下【Windows+P】组合键切换到【复制】选项，即可将屏幕复制到投影仪上，如图 2.1.11 所示。

图 2.1.11　按【Windows+P】组合键切换到【复制】选项

### 4. 设置投影仪

笔记本电脑屏幕投影成功后，为了让投影效果更好，还需要根据实际情况进行简单设置。

（1）调整投影仪高低。调整投影仪的支脚在投影仪的下方，根据投影位置的要求适当调整各个支脚的高低，如图 2.1.12 所示。

图 2.1.12　调整投影仪支脚高低

（2）自动调整图像质量。按投影仪或者遥控器上的【AUTO】键，可以自动调整投影图像质量，如图 2.1.13 所示。

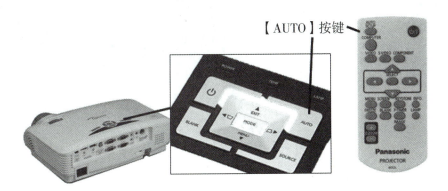

图 2.1.13　按【AUTO】键自动调整图像质量

（3）手动调整图像清晰度和大小。使用投影仪上的聚焦环可以调整图像清晰度，使用变焦环可以对投影图像整体大小进行微调，如图 2.1.14 所示。

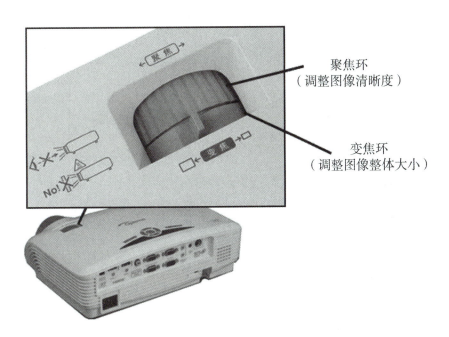

图 2.1.14　聚焦环和变焦环

通过以上 4 步，即完成了投影设备连接的操作。

## 【任务拓展】　手机投影计算机

### 1. 任务说明

李明和朋友交流时得知其可将手机投影到计算机上，他决定自己也试试。设备连接示意图如图 2.1.15 所示。

手机投影计算机

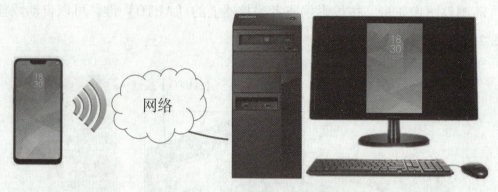

图 2.1.15　设备连接示意图

### 2. 操作提示

（1）在计算机上依次选择【设置】→【系统】下的【投影到此电脑】选项，然后单击【可选功能】超链接，如图 2.1.16 所示。

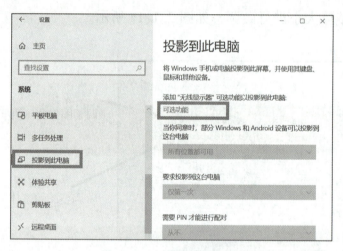

图 2.1.16　打开投影功能

（2）在新打开的窗口中单击【添加功能】按钮，在弹出的对话框中选中【无线显示器】复选框，然后安装，如图 2.1.17 所示。

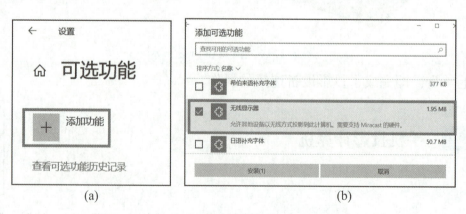

（a）　　　　　　　　　　　　　　　（b）

图 2.1.17　添加无线显示器功能

（3）回到【投影到此电脑】界面，按照图 2.1.18 所示进行设置，最后单击【启动"连接"应用以投影到此电脑】超链接。

（4）在手机上开启无线投屏功能，如图 2.1.19 所示，随后手机会自动搜索网络内提供无线投影功能的设备，按提示连接上一步设置好的计算机即可。

图 2.1.18　设置并启动无线投影功能

图 2.1.19　开启手机无线投屏功能

## 【拓展延伸】　投影仪日常维护与简单故障处理

### 1. 投影仪日常维护

（1）清洁防尘。投影仪不使用时盖上防尘盖；镜头脏了不能用手直接触碰，可以用吹气球和镜头纸进行清洁；空气滤芯很容易进灰尘，会引起投影仪过热而受损，可用真空吸尘器不定期进行清洁。

（2）安全使用。不能将投影仪置于不稳的车子、架子或桌子上，造成跌落损坏；不能在投影仪附近摆放液体，一旦液体溅入投影仪内可能导致仪器无法正常工作，若投影仪已被溅湿，应迅速拔掉投影仪电源线，然后请专业技术人员维修；不得带电插拔电源线；避免投影仪镜头直对太阳，让内部光学系统受损。

（3）延长灯泡寿命。投影仪灯泡成本高，维护灯泡可以有效延长灯泡寿命，降低使用成本。尽量减少开关机次数，连续使用不应超过 4h，冷却 45min 后方可再使用；在投影仪开启情况下严禁震动、搬移投影仪，以防灯泡炸裂。

### 2. 投影仪常见故障处理

投影仪在使用中难免会遇到各种问题，表 2.1.3 中列出了一些常见故障及解决办法。

表 2.1.3　投影仪常见故障及解决办法

| 现象 | 原因 | 解决办法 |
|---|---|---|
| 打不开 | 电源未接好 | 确认电源线已经接好，并且已经通电 |
| | 断电后立刻开启 | 投影仪在冷却状态，等待冷却结束再开启 |
| | 遥控器没电 | 更换遥控器电池，或按投影仪上的开关键 |
| 自动关机 | 触碰电源断电 | 重新连接电源 |
| | 过热关机保护 | 等投影仪冷却完成 |
| 不显示图像 | 连接线未接好 | 检查连接线 |
| | 未正确设置信号源 | 按【Source】键，直到选择正确输入源 |
| | 镜头盖关闭 | 打开镜头盖 |
| | 计算机未输出信号 | 设置计算机的屏幕复制功能 |
| 图像模糊 | 未准确对焦 | 使用聚焦环聚焦 |
| | 镜头灰尘过多 | 清洁镜头灰尘 |
| 图像偏色 | 连接线未插好 | 重新拔插连接线 |
| | 内部偏振片损坏 | 找专业人士维修 |
| 图像变形失真 | 投影仪与投影屏幕位置未摆正 | 调整投影支脚，或调整投影屏幕高度 |
| 图像显示不全 | 分辨率不协调 | 重新设置计算机分辨率 |

## 任务二　传声器、音箱和功放的连接

### 【任务说明】

投影设备安装成功后，接下来李明要将无线传声器、音箱、功放和笔记本电脑进行合理的连接，以满足会议发言和笔记本电脑音频播放的要求。经过同事的介绍，李明绘制了连接示意图，如图 2.1.20 所示。

学生通过本任务的学习应达到 3 个目的：一是学会无线传声器连接功放的方法；二是学会

音箱连接功放的方法；三是学会计算机连接功放的方法。

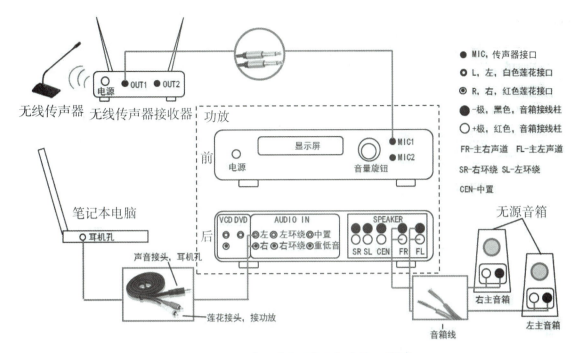

图 2.1.20　会议室投影设备连接示意图

## 【任务准备】

### 1. 认识功放

功放的全称为功率放大器，是音响系统中最基本的设备。它可以把来自音源或前级放大器的弱信号放大，驱动音箱发出声音。

（1）功放分类。功放有多种分类方式，目前国际上也没有一个统一的分类标准。常见的分类方式有 2 种，如表 2.1.4 所示。

表 2.1.4　功放分类方式

| 分类方式 | 名称 | 图示 | 说明 |
| --- | --- | --- | --- |
| 按用途分 | Audio/Video 功放 | | Audio/Video 功放是一种高保真音频放大器，专门为家庭影院用途而设计，声音具有较强的震撼力，但容易失真，一般具备 4 个以上的声道以及环绕声解码功能，带有显示屏 |
| | High-Fidelity 功放 | | High-Fidelity 即 Hi-Fi，直译为"高保真"，专门为听音乐而设计，尽可能地接近原汁原味的音乐，一般为两声道，没有显示屏 |

续表

| 分类方式 | 名称 | 图示 | 说明 |
|---|---|---|---|
| 按照元器件分 | 电子管功放，俗称"胆机" |  | 使用电子管的功放，声音甜美柔和、自然关切，适合喜欢听管弦乐、室内乐与人声的爱好者 |
| | 晶体管功放，俗称"石机" | | 使用晶体管的功放，成本较低，声音阳刚，能耗低，适合喜欢听爵士乐、摇滚与现代音乐的爱好者 |

（2）功放主要接口。功放的接口分为"3+n"种接口，3 代表传声器接口、莲花接口和音箱接口等 3 种主要接口，n 代表各种扩展接口，包括 USB 接口、安全数字卡（SD 卡）插口、外接音频输入（AUX）接口等，如图 2.1.21 所示。

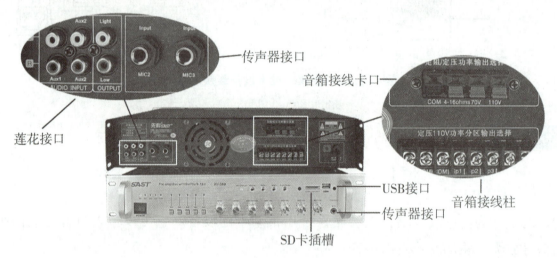

图 2.1.21　功放接口

功放接口的详细介绍如表 2.1.5 所示。

表 2.1.5　功放接口类型

| 名称 | 名称 | 介绍 |
|---|---|---|
| 传声器接口 | 输入接口 | 连接传声器，通常有 2 个以上的接口 |
| 莲花接口 | 输入接口 | 用于 DVD 机、小型光碟（Compact Disc，CD）机、VCD 机、电视机、计算机等设备输入信号 |
| 音箱接口 | 输入接口 | 输出信号给音箱专用接口，有接线柱接口和接线卡口 2 种接口，接线方式按照不同额定功率进行不同连接 |
| USB 接口 | 输入接口 | 连接 USB 设备 |
| SD 卡插口 | 输入接口 | 插入 SD 卡 |
| AUX 接口 | 输入接口 | 音频输入接口，可以从包括 MP3 播放器、手机在内的电子声频设备输入音频 |

### 2. 认识音箱

音箱是将音频信号还原成声音信号的一种设备，音箱包括箱体、扬声器、分频器、吸音材料4个部分，如图2.1.22所示。

（1）家用音箱和专业音箱。音箱的外形五花八门，常见的大多是长方形，按使用场合分为专业音箱与家用音箱两大类。家用音箱一般用于家庭放映，其外形较为精致美观，放音声压不太高，功率较小。专业音箱一般用于影剧院、会堂和体育场馆等专业文娱场所，其灵敏度较高，放音声压高，功率大，外形也不太精致，如图2.1.23所示。

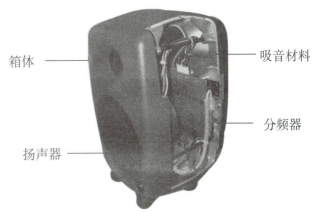

图 2.1.22　音箱结构

图 2.1.23　家用音箱（左）和专业音箱（右）

（2）有源音箱和无源音箱。音箱还可以分为有源音箱和无源音箱。有源音箱需要外接电源，而且自带功放，不能单独接驳功放，常用在计算机和有线广播中，只要系统给它一个声音信号，就可以发出声音来。无源音箱不需要外接电源，不带功放，需要外接功放才能使用，功率大，音质好，如图2.1.24所示。

图 2.1.24　有源音箱（左）和无源音箱（右）

💡 **小知识：音响和音箱**

音响的全称是高保真音频重放系统，通常由音频输出设备、功放、音箱三大主要部分组成，其中音频输出设备主要包括 CD、VCD、DVD、磁带等。音箱是盒子加扬声器构成。音响指的是整个系统设备，音箱指的是发声的箱体。

### 3. 认识传声器

传声器（Microphone）又称话筒，是声电转换的换能器。传声器按照使用方式通常分为内置式、有线式和无线式 3 种。内置式传声器是指设置在数码摄像机、笔记本电脑、手机、摄像头等设备内的传声器，起到节省空间的作用。有线式传声器是指需要连接线的传声器。无线式传声器由无线传声器主机和无线传声器接收器组成，现在越来越流行，如图 2.1.25 所示。

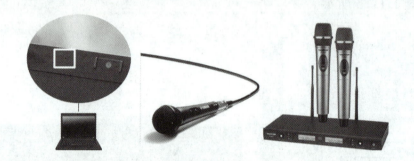

图 2.1.25　内置式传声器（左）、有线式传声器（中）和无线式传声器（右）

### 4. 设备准备

根据任务说明中的示意图，需要的设备清单如表 2.1.6 所示。

表 2.1.6　任务所需设备清单

| 名称 | 图示 | 说明 |
| --- | --- | --- |
| 功放 | | Hi-Fi 功放 |
| 无源音箱 | | 不带电源和功放的无源音箱 |
| 无线传声器 | | 无线传声器主机和无线传声器接收器 |
| 笔记本电脑 | | 也可以使用台式计算机 |

续表

| 名称 | 图示 | 说明 |
|------|------|------|
| 6.5mm 双头音频线 |  | 无线传声器接收器与功放连接线 |
| 一分二音频线 |  | 一头为 3.5mm 单接头，另外一头为双头莲花接头 |
| 音频线 |  | 纯铜专业音频线，两端均无头 |

## 【任务实施】

本任务需要 4 步完成，分别是连接无线传声器接收器和功放、连接笔记本电脑和功放、连接无源音箱和功放、测试。

### 1. 连接无线传声器接收器和功放

把 6.5mm 双头音频线分别接入无线传声器接收器的 OUT1 口和功放前挡板的 MIC1 口，如图 2.1.26 所示。

### 2. 连接笔记本电脑和功放

将一分二音频线的单头 3.5mm 端插入笔记本电脑的耳机孔，另外一端白色线头插入功放的【左】口，红色线头一端插入功放的【右】口，如图 2.1.27 所示。

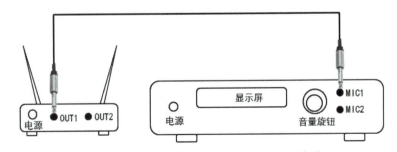

图 2.1.26　连接无线传声器接收器和功放

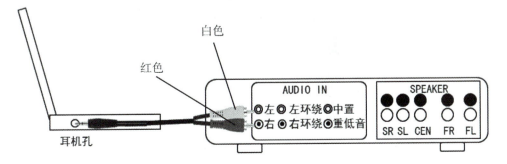

图 2.1.27　连接笔记本电脑和功放

### 3. 连接无源音箱和功放

（1）把纯铜音频线的两端剥去大约 5cm 的护套，露出里面的铜丝。

（2）将音响线的一头卡接在功放的 FR 和 FL 上，另外一头卡接在无源音箱上，每个音箱都需要接两根。注意，两头不要接反，如图 2.1.28 所示。

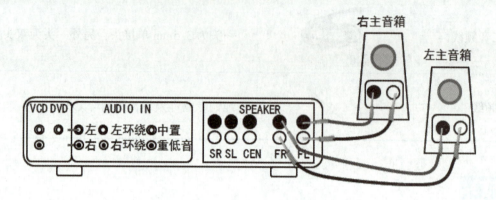

图 2.1.28　连接无源音箱和功放

### 4. 测试

（1）开启设备电源。将功放的音量开到最小，即将音量旋钮左旋到尽头，然后开启功放、无线传声器接收器、笔记本电脑的电源。

（2）测试传声器。打开无线传声器的开关，说话测试的同时慢慢旋转功放的音量旋钮，逐渐提高音量，调整至适合音量大小并且传声器没有噪声。

（3）测试笔记本电脑的声音。在笔记本电脑上播放一段音乐，调整笔记本电脑上的音量到适合的程度。

【任务拓展】 **使用笔记本电脑布置会议设备**

### 1. 任务说明

公司另外一个部门利用小会议室召开会议，小会议室没有功放，只有无线传声器、部门员工自带的笔记本电脑和有源音箱，同样要达到本任务中的效果，李明和同事商量后，绘制了连接示意图，如图2.1.29 所示。

本任务有 2 个目标：一是让无线传声器通过音箱发出声

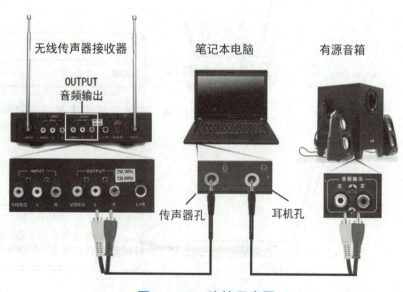

图 2.1.29　连接示意图

音；二是让笔记本电脑的声音从音箱中发出来。

### 2. 任务准备

根据任务说明中的示意图，需要准备的设备清单如表 2.1.7 所示。

表 2.1.7 任务所需设备清单

| 名称 | 图示 | 说明 |
|------|------|------|
| 笔记本电脑 |  | 也可以使用台式计算机 |
| 有源音箱 |  | 带电源和功放的无源音箱 |
| 无线传声器 |  | 无线传声器主机和无线传声器接收器 |
| 一分二音频线 |  | 一头为 3.5mm 单接头，另外一头为双头莲花接头 |

### 3. 操作提示

（1）用一根一分二音频线从计算机的传声器插孔连接到无线传声器接收器的音频输出孔。

（2）用另一根一分二音频线从计算机的耳机孔连接到音箱的输入插孔。

（3）开启所有设备电源。

（4）测试无线传声器和笔记本电脑的声音，适当调整音量。

💡 **技巧提示**

（1）笔记本电脑如果是传声器和耳机二合一的插孔，就需要加装一分二的 USB 小声卡，将二合一的信号再转换成传声器和耳机分开的信号，然后从 USB 小声卡的传声器口连接无线传声器接收器的音频输出孔。

（2）在没有传声器的情况下，可以用笔记本电脑自带的传声器说话，笔记本电脑连接音箱的方式不变。

## 任务三 ▶ 会议主题演示文稿封面制作

### 【任务说明】

看着会议室中摆放整齐的物品，正常运行的投影仪、笔记本电脑、功放、音箱和无线传声器，李明总感觉少了点什么，再看到投影屏幕上空荡荡的笔记本电脑桌面，想到应该制作会议主题演示文稿封面，这样不但能让会议聚焦主题，还能拍照留存备用。李明与同事商量后，确定了需要在演示文稿上展示公司Logo、会议标题、会议副标题、参会人员、参会时间5个元素，另外为了美观还要对背景进行美化，同时还绘制了如图2.1.30所示的示意图。

学生通过本任务的学习应学会制作会议主题演示文稿封面的方法。

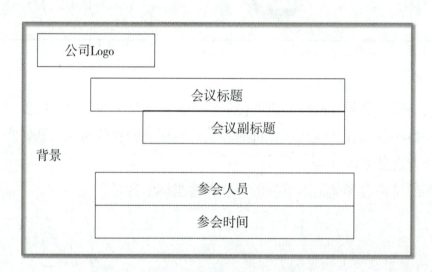

**图 2.1.30 会议主题演示文稿封面示意图**

### 【任务准备】

根据任务说明中的示意图，需要准备的清单如表2.1.8所示。

表 2.1.8　任务所需清单

| 名称 | 图示 | 说明 |
|---|---|---|
| 幻灯片制作软件 |  | Microsoft PowerPoint 2010 |
| 公司 Logo | | "素材 \ 模块 3 \ 图 3.1.3 \ 公司 logo. png" |
| 会议相关资料 | | 中文名称：云创公司<br>英文名称：YUN Corporate Company<br>标题：年度销售动员大会<br>副标题：规范销售技巧宣讲<br>参会人员：销售部<br>参会时间：2022 年 10 月 20 日 |

【任务实施】

会议主题演示
文稿封面制作

本任务需要 3 步完成，分别是创建文件、设置背景、文字排版。

## 1. 创建文件

（1）桌面上右击新建一个演示文稿并将其重名为"会议 PPT"，如图 2.1.31 所示。

（2）打开"会议 PPT. pptx"文件，单击编辑区域创建一张空白幻灯片，如图 2.1.32 所示。

图 2.1.31　创建"会议 PPT. pptx"文件

图 2.1.32　创建一张空白幻灯片

### 2. 设置背景

（1）设置页面格式，单击【页面设置】按钮，在弹出的对话框中设置【幻灯片大小】选项为"全屏显示（16：9）"，如图 2.1.33 所示。

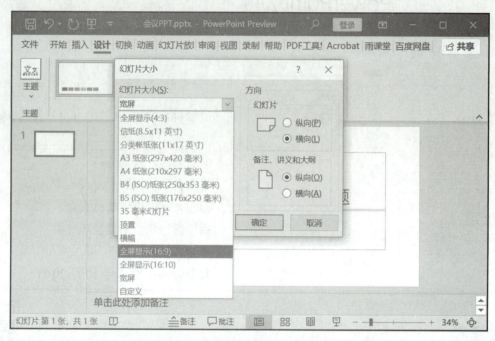

**图 2.1.33　设置幻灯片大小**

> 💡 **小知识：演示文稿设计趋势——16：9 宽屏**
>
> 　　人体双眼的瞳孔比例不是 1：1，而是接近 16：9，人体看宽屏的画面感觉舒服、大气、冲击力强，所以现在宽银幕电影、宽屏幕电脑、宽屏幕电视越来越流行，宽屏更符合人类视觉审美，演示文稿设计的大小比例也从逐步从 4：3 过渡到 16：9。

（2）设置主题背景，选择【设计】→【所有主题】→【相邻】选项，如图 2.1.34 所示。

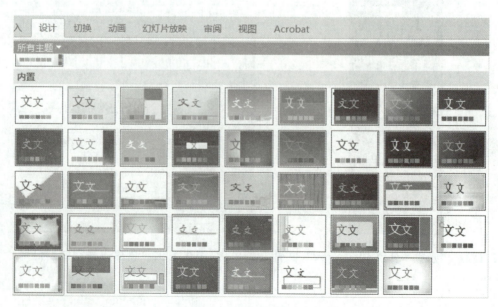

**图 2.1.34　设置主题背景**

（3）设置主题颜色，选择【格式】→【颜色】→【基本】选项，如图 2.1.35 所示。

（4）设置主题字体，如图 2.1.36 所示。

（5）设置好背景后页面效果如图 2.1.37 所示。

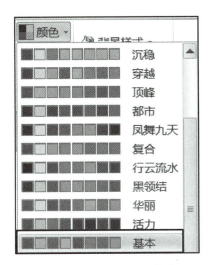

图 2.1.35　设置主题颜色

图 2.1.36　设置主题字体

图 2.1.37　设置背景后页面效果

### 3. 文字排版

（1）插入公司 Logo 图片。单击【插入】选项卡中的【图片】按钮，插入公司 Logo 图片，调整图片大小并将其移到左上位置，如图 2.1.38 所示。

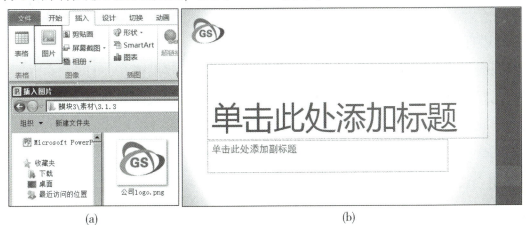

(a)　　　　　　　　　　　　　　　　(b)

图 2.1.38　插入公司 Logo 图片

（2）输入文字。按照任务示意图输入文字，设置字体、大小和位置，如图 2.1.39 所示。

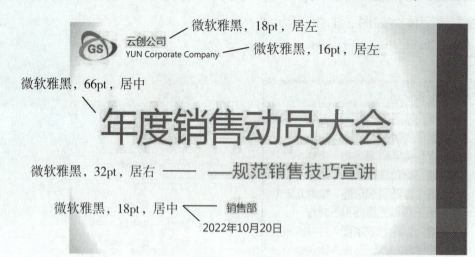

图 2.1.39　设置文字

（3）保存预览。按【Ctrl+S】组合键保存文档，然后按【F5】键放映幻灯片，效果如图 2.1.40 所示。

图 2.1.40　会议主题演示文稿封面效果

【任务拓展】**使用模板制作会议主题演示文稿封面**

使用模板制作会议主题演示文稿封面

### 1. 任务说明

主管看到会议室的布置，特别是会议主题演示文稿封面效果很好，非常高兴。正好隔壁小会议室要做员工培训，主管让李明制作员工培训的演示文稿主题封面，要求封面上出现"新员工入职培训；公司总经理；2022.10"。

### 2. 操作提示

（1）使用会议样本模板，选择【文件】→【新建】→【样本模板】→【培训】选项创建演示文稿，如图 2.1.41 所示。

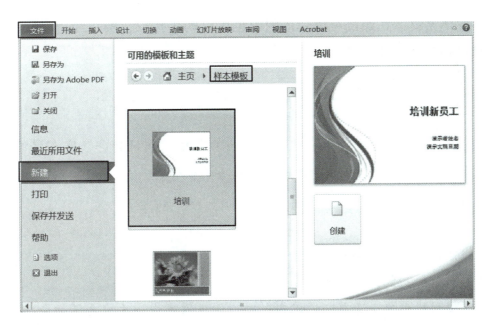

图 2.1.41　创建演示文稿

（2）修改演示文稿封面的文字，设置字体、字号和位置，参考效果如图 2.1.42 所示。

图 2.1.42　新员工入职培训演示文稿

【拓展延伸】　**做演示文稿，也要关注版权**

在制作演示文稿时，会用到字体、图片、视频等素材，在要善用搜索工具寻找到免费的素材的同时，更要特别关注版权问题。

（1）字体版权。演示文稿在字体选择上，用系统自带的字体有时候会显得单调、表现力不够强，此时就可以到网上寻找适合的字体，而很多字体是有版权的，使用的时候一定要注意，尽量选择免费的字体，如果遇到非常喜欢的商业授权字体，在经济可承受范围内也可以购买授权，实在经济受限，则可以寻找替代字体、类似字体。

（2）图片、视频等多媒体素材版权。这些多媒体素材能让演示文稿更具表现力和感染力，但许多照片也同样是有版权的，这就要求在使用多媒体素材的时候格外注意。遇到非常喜欢

的商业授权多媒体素材，在经济可承受范围内也可以购买授权，实在经济受限，则可以寻找替代素材、自己拍摄、设计、制作。

## 项目小结

通过本项目的学习，学生学会了办公室办公的典型工作情景会议室布置的方法，同时还掌握了投影仪、传声器、音箱、功放等办公设备的概念、分类和使用方法。

## 课后作业

1. 分小组操作班上的投影仪播放一首音乐。

2. 使用手机投屏功能，将手机屏幕投屏到智能电视机上。

3. 分小组使用投影仪、音箱、笔记本电脑、传声器完成一次班会活动会场的设备布置，并制作班会活动的主题演示文稿封面。

# PROJECT 2
# 项目二

## 日常业务处理

### 项目概述

　　李明逐渐熟悉了办公室中主要的办公设备，学会了使用打印机打印文档，近期还学会了远程办公，另外复印文档时还学会了使用复印机、一体机等具有复印功能的设备，扫描文件时学会了使用扫描仪。本项目完成 4 个任务，其内容结构如图 2.2.1 所示。

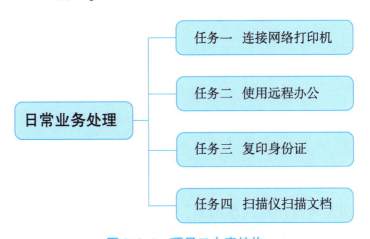

图 2.2.1　项目二内容结构

### 项目目标

- 学会连接网络打印机，使用网络打印机打印文档。
- 掌握使用在线文档、组织网络会议、在线调研表等远程办公的方法。
- 掌握复印机的使用方法，学会复印身份证。
- 学会使用扫描仪扫描文档。

 任务一 连接网络打印机

【任务说明】

办公室里新配了一台打印机，为了让大家都能方便地使用，李明决定将它设置为网络打印机，实现打印机共享。

首先将打印机连接到服务器端计算机上，然后将这台打印机共享出来，让客户端计算机可以直接使用。学生通过本任务的学习应达到 2 个目的：一是学会创建网络打印机；二是学会连接网络打印机。网络打印机连接示意图如图 2.2.2 所示。

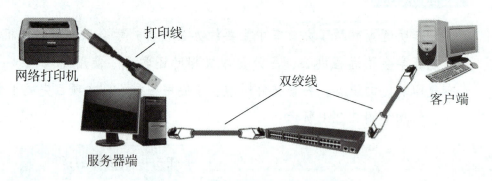

图 2.2.2　网络打印机连接示意图

【任务准备】

**1. 认识网络打印机**

网络打印机是将打印机共享出来，供局域网或者 Internet 上的其他用户远程使用的打印机。网络打印机分为外置式网络打印机和内置式网络打印机。

（1）外置式网络打印机。打印机必须接入打印服务器然后被共享出来，供其他用户使用，通常用于局域网的共享，简单方便，但是打印速度较慢，是较常用的共享打印机方式。外置式网络打印机连接拓扑图如图 2.2.3 所示。

（2）内置式网络打印机。打印机本身带一个网卡，直接将网线连接到打印机的网卡即可实现网络打印，一般高速网络打印机采用这种方式实现网络打印，但打印机价格较高。内置式网络打印机连接拓扑图如图 2.2.4 所示。

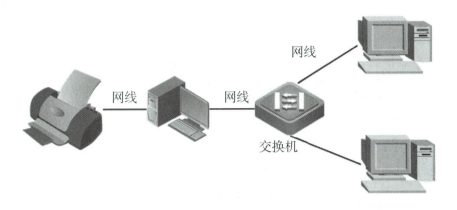

图 2.2.3　外置式网络打印机连接拓扑图

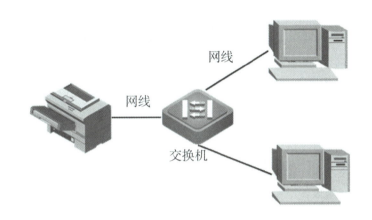

图 2.2.4　内置式网络打印机连接拓扑图

## 2. 设备准备

本任务采用外置式网络打印机，需要的设备清单如表 2.2.1 所示。

表 2.2.1　任务所需设备清单

| 名称 | 图示 | 说明 |
| --- | --- | --- |
| 打印机 |  | 普通家用打印机，喷墨打印机、激光打印机均可 |
| 笔记本电脑或台式计算机 2 台 |  | 均安装 Windows 10 操作系统，一台用作服务器端，一台用作客户端 |
| 交换机或家用无线路由器 1 台 |  | 普通交换机或家用无线路由器，用于设备的连接 |
| 网线 2 根 |  | 若为无线路由器，只需用 1 根网线连接打印机与服务器端；若为交换机，则需要用 2 根，分别连接服务器端和客户端 |
| 打印纸若干 |  | 常见的 A4 纸张 |

连接网络
打印机（上）

【任务实施】

本任务需要 5 步完成，分别是连接设备并共享打印机、启用服务器端来宾（Guest）账号、设置服务器端本地安全策略、设置服务器端网络共享选项、客户端打印机连接。

### 1. 连接设备并共享打印机

（1）连接设备。按照图 2.2.2 所示连接好打印机、服务器端、交换机和客户端，根据模块二所学知识将打印机正确连接到服务器端，单击【开始】→【设备和打印机】选项，在打开的窗口中可以看到打印机已经被添加到计算机中，并且被设置为默认打印机，如图 2.2.5 所示。

（2）在【Brother HL-2140】图标上单击鼠标右键，在弹出的快捷菜单中选择【打印机属性】选项，在打开的对话框中选中【共享这台打印机】复选框，最后单击【确定】按钮，如图 2.2.6 所示。

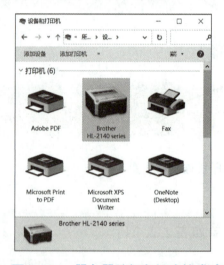

图 2.2.5　服务器端打印机连接成功

图 2.2.6　共享打印机

### 2. 启用服务器端 Guest 账号

（1）打开【计算机管理】窗口。在【开始】菜单中输入"计算机管理"，在搜索结果中的"计算机管理"选项上单击鼠标右键，在弹出的快捷菜单中选择【打开】选项，如图 2.2.7 所示。

（2）在打开的窗口中单击【本地用户和组】→【用户】选项，在右边打开的列表中双击【Guest】选项，在弹出的对话框中取消选中【帐户已禁用】复选框，单击【确定】按钮，如图 2.2.8 所示。

### 3. 设置服务器端本地安全策略

（1）打开本地组策略编辑器。在开始菜单输入"gpedit.msc"打开【本地组策略编辑器】窗口，如图 2.2.9 所示。

（2）允许 Guest 账号从网络访问计算机。依次单击【计算机配置】→【Windows 设置】→【安全设置】→【本地策略】→【用户权限分配】选

连接网络
打印机（下）

项，双击右边列表中的【从网络访问此计算机】选项，如图 2.2.10 所示。

图 2.2.7　打开【计算机管理】窗口

图 2.2.8　启用 Guest 来宾账号

图 2.2.9　打开【本地组策略编辑器】窗口

图 2.2.10　【本地组策略编辑器】窗口

（3）在打开的【从网络访问此计算机　属性】对话框中单击【添加用户或组】按钮，如图 2.2.11 所示。

（4）在打开的【选择用户或组】对话框中单击【高级】按钮，如图 2.2.12 所示。

图 2.2.11　【从网络访问此计算机　属性】对话框

图 2.2.12　【选择用户或组】对话框

（5）单击【立即查找】按钮，在搜索结果列表中选择【Guest】选项，最后单击【确定】按钮，添加 Guest 账户，如图 2.2.13 所示。

（6）在【本地组策略编辑器】窗口中的【策略】列表中双击【拒绝从网络访问这台计算机】选项，如图 2.2.14 所示。

图 2.2.13　添加 Guest 账户

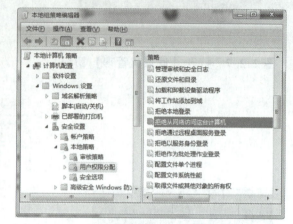

图 2.2.14　【拒绝从网络访问这台计算机】选项

（7）在弹出的对话框中选中【Guest】并删除，如图 2.2.15 所示。

### 4. 设置服务器端网络共享选项

（1）在系统托盘的网络连接图标上单击鼠标右键，在弹出的快捷菜单中选择【打开网络和共享中心】选项，如图 2.2.16 所示。

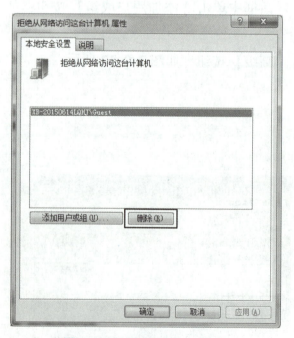

图 2.2.15　删除 Guest 账户

图 2.2.16　选择【打开网络和共享中心】

（2）在打开的窗口中单击【网络和共享中心】按钮，如图 2.2.17 所示。

（3）打开的"网络和共享中心"窗口中，首选确认是【专用网络】，如果不是，则回到上一步，单击【属性】按钮，选择【专用网络】，然后单击【更改高级共享设置】按钮，如图 2.2.18 所示。

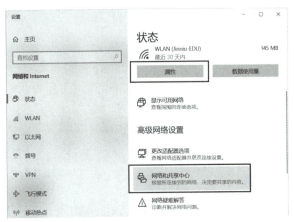

图 2.2.17 单击【网络和共享中心】　　图 2.2.18 选择【更改高级共享设置】

（4）依次单击"专用（当前配置文件）"中的【启用网络发现】【启用文件和打印机共享】，"所有网络"中的【无密码保护的共享】，如图 2.2.19 所示。

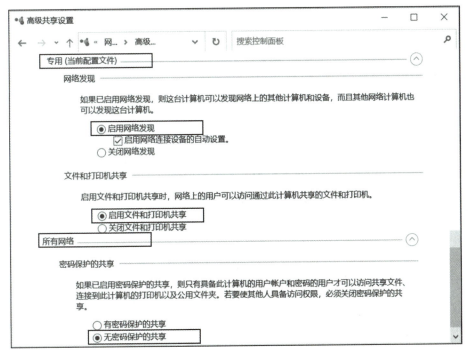

图 2.2.19 修改网络配置文件共享选项

### 5. 客户端打印机连接

（1）参考上一步将客户端计算机的网络设置为【专用网络】，然后在客户端计算机上依次单击【控制面板】→【设备和打印机】→【添加打印机】→【我需要的打印机未列出】，如图 2.2.20 所示。

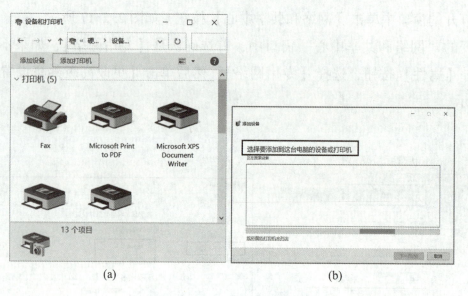

(a)                    (b)

图 2.2.20　选择添加打印机

（2）在弹出的窗口中依次单击【按名称选择共享打印机】→【浏览】按钮，如果弹出的窗口提示"网络发现和文件共享已关闭"，则先选择【启用网络发现和共享文件夹】，按照提示启用，如图 2.2.21 所示。

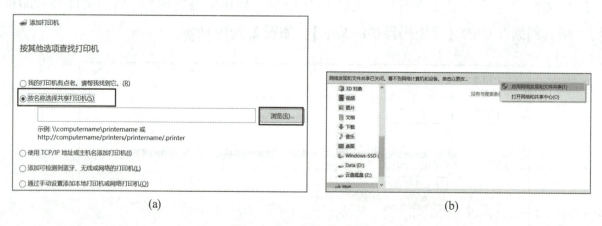

(a)                    (b)

图 2.2.21　添加打印机

（3）在【网络】中依次选择服务端的计算机名称和共享打印机名称，最后确定，如图 2.2.22 所示。

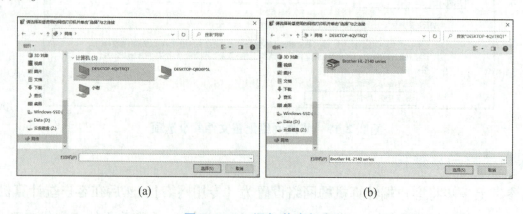

(a)                    (b)

图 2.2.22　添加共享打印机

随后会自动安装驱动，按照提示即可完成网络打印机的添加。

## 【任务拓展】 使用 IP 地址连接网络打印机

使用 IP 地址连接网络打印机

### 1. 任务说明

有个同事的台式计算机怎么也找不到网络打印机，李明决定通过服务器端 IP 地址查找打印机的方式进行连接。

### 2. 操作提示

（1）服务器端已经完成连接设备并共享打印机、启用服务器端 Guest 账号、设置服务器端本地安全策略、设置服务器端网络共享选项。

（2）获得服务器端 IP 地址。在服务器端单击【网络和共享中心】中的【本地连接】超链接，如图 2.2.23 所示。

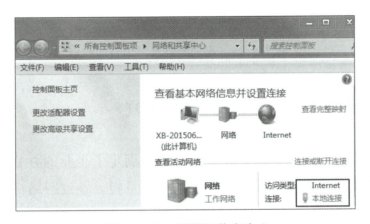

**图 2.2.23 网络和共享中心**

在打开的对话框中单击【详细信息】按钮，在打开的【网络连接详细信息】对话框中可以看到服务端 IP 地址，即 IPv4 地址，如图 2.2.24 所示。

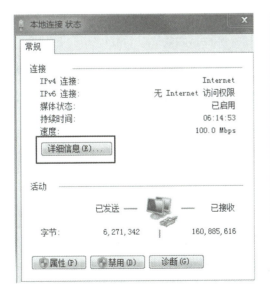
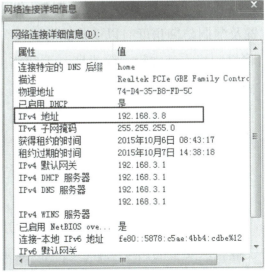

**图 2.2.24 获得服务器端 IP 地址**

（3）客户端连接网络打印机。在客户端任意窗口的地址栏直接输入服务器端 IP 地址，在窗口中双击共享的打印机，即可连接网络打印机，如图 2.2.25 所示。

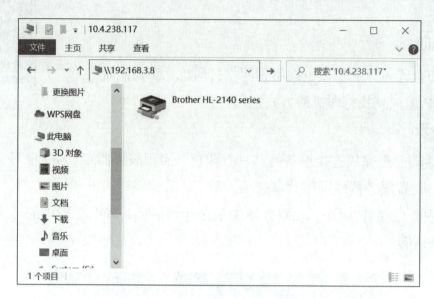

图 2.2.25　客户端连接网络打印机

【拓展延伸】　**网络打印机的安全风险不容小觑**

网络打印机解决了办公中存在的互联共用问题，满足了企业的办公需求。但因其功能单一，安全性不如交换机、路由器等其他网络设备受到重视，导致网络打印机存在诸多安全隐患。由于打印设备往往部署在内部网络，黑客们以其为跳板，对内部网络进行一系列攻击。近年来，有关网络打印机的漏洞的攻击事件披露日益增多。

2016 年 9 月，德国鲁尔大学的安全研究人员对 20 多种不同品牌型号的打印机进行测试后发现，每种品牌的打印机都存在漏洞；2021 年 6 月，微软在安全更新中修复了网络打印机服务漏洞，该漏洞可以让普通用户以管理员身份入侵其他设备。为减少网络打印机被攻击风险，从安全配置及漏洞防御角度有以下几点防护建议。

（1）将打印机安装在设有防火墙、无线路由器或其他非直连网络方式保护的网络上。

（2）做好物理隔离，避免未经授权的陌生人直接接触或使用网络打印机。

（3）在远程维护管理时，要做好访问限制，限制登录用户的 IP 地址及访问权限。

（4）及时从官方网站下载相应的软件的安装包。

（5）对网络打印机管理员等相关人员进行安全相关培训，提高其安全意识。

随着对支持移动设备打印的需求越来越大，支持 WLAN 直连、近场通信（Near Field Communication，NFC）打印、云打印等移动功能的网络打印机逐渐成为人们日常生活、办公中不可缺少的设备。从安全的角度来看，应该禁止通过公网访问内部网络的打印机。

## 任务二　使用远程办公

### 【任务说明】

公司日常工作中会使用在线文档、网络会议等在线协同软件实现远程办公，提高工作效率，公司主管要求李明学会使用。

学生通过本任务的学习应学会使用在线文档、网络会议等工具实现远程办公。

### 【任务准备】

#### 1. 了解远程办公

在当今社会，远程办公逐渐融入企业日常运营活动。中国互联网络信息中心第47次《中国互联网络发展状况统计报告》显示，截至2020年12月，我国远程办公用户规模达3.46亿，占网民整体的34.9%。

随着远程办公的飞速发展，市场上支撑远程办公的在线协同软件层出不穷，有腾讯文档、金山文档等协作文档软件，有钉钉、华为云WeLink等协同办公软件，有问卷星、金数据等在线数据收集软件，有腾讯会议、云屋等视频会议软件，还有有道云协作、比幕鱼等白板灵感类软件，如图2.2.26所示。

图2.2.26　在线协同软件

#### 2. 设备准备

本任务需要的设备清单如表2.2.2所示。

表2.2.2　任务所需设备清单

| 名称 | 图示 | 说明 |
| --- | --- | --- |
| 笔记本电脑或台式计算机 |  | 笔记本电脑或台式计算机，接入网络，实现在线文档、网络会议等远程办公功能 |

续表

| 名称 | 图示 | 说明 |
|------|------|------|
| 智能手机 |  | 实现在线文档、网络会议等远程办公功能 |

## 【任务实施】

公司收集资料、与客户交流时会用到在线文档、网络会议等功能。本任务分为 2 个子任务，分别是使用在线文档、组织网络会议。

### 1. 使用在线文档

在线文档支持多人在线编辑，极大地提高了收集数据的效率。这里使用腾讯文档进行文档编辑和表格制作。

（1）登录打开。对于计算机终端，登录 QQ 客户端并单击面板最下方的【腾讯文档】按钮，如图 2.2.27 所示；对于移动终端，点击头像进入系统菜单，依次点击【我的文件】→【腾讯文档】图标，如图 2.2.28 所示。

图 2.2.27　计算机终端腾讯文档

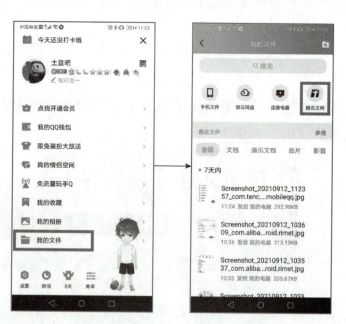

图 2.2.28　移动终端腾讯文档

（2）创建和编辑在线文档。登录腾讯文档后，新建文档类型，除了支持在线文档、在线表格、在线幻灯片等常用文档格式，还支持在线收集表、在线思维导图、在线流程图等常用功能，如图 2.2.29 所示。

进入在线文档编辑界面，按照需求进行编辑。编辑好的文档可直接保存为在线文档，无论在计算机终端还是移动终端均可方便地使用，如图 2.2.30 所示。

图 2.2.29　创建在线文档

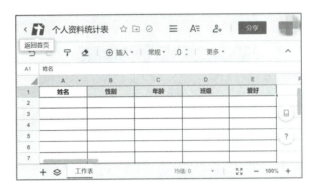

图 2.2.30　编辑在线文档

（3）使用在线文档。在线文档编辑好之后，进行分享，有"仅我自己""仅我分享的好友""所有人可查看""所有人可编辑"4种权限，还有分享给"QQ好友""微信好友""复制链接""生成二维码"4种分享形式，按照具体需要进行分享即可，如图2.2.31所示。

创建好的在线文档，可邀请更多的人进行协作，大家编辑各自的部分即可，这样极大地提高了效率。

图 2.2.31　分享在线文档

### 2. 组织网络会议

网络会议以网络为媒介，突破时间、地域的限制，通过互联网实现面对面交流。常用的网络会议软件有钉钉的视频会议、云屋网络会议、腾讯会议等，这里采用腾讯会议。

（1）注册腾讯会议。在腾讯会议官网下载安装后启动腾讯会议，单击【注册/登录】按钮，依据要求完成注册，如图2.2.32所示。

（2）登录腾讯会议。单击【注册/登录】按钮，使用注册的账号密码登录即可。也可以使用微信登录，此时会提示使用微信扫描登录二维码。如图2.2.33所示。

组织网络会议

（3）使用腾讯会议。此时单击【加入会议】图标，输入会议号即可加入会议；也可以使用【快速会议】作为会议主持人创建会议。进入会议后可以选择网络会议界面下方按钮实现开启视频、共享屏幕、管理成员等功能，如图2.2.34所示。

图 2.2.32　注册腾讯会议

图 2.2.33　登录腾讯会议

图 2.2.34　网络会议界面

　　腾讯会议目前免费使用，用户不仅可以使用计算机终端，还可以从手机的应用市场搜索下载"腾讯会议"App，使用方式和计算机终端一致。

## 【任务拓展】　创建在线调研问卷

创建在线
调研问卷

### 1. 任务说明

　　公司要开发一个新产品，为了收集用户的需求，让李明使用问卷星创建一个在线调研问卷。

### 2. 操作提示

　　（1）访问问卷星官网，注册并登录。

（2）单击左上角的【创建问卷】按钮，如图 2.2.35（a）所示。在新打开的页面中设置类型为【调查】。

（3）输入调研问卷标题，单击【立即创建】按钮，如图 2.2.35（b）所示。随后根据需求输入调研内容。

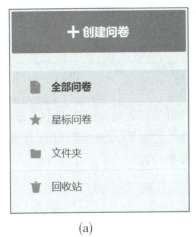

(a)

(b)

图 2.2.35　创建调研问卷

# 任务三　复印身份证

## 【任务说明】

公司要办理证件，需要复印员工的身份证，要求正反面复印在一张 A4 纸上，李明准备用办公室里的家用一体式复印机完成复印，同时为了避免身份证复印件被用于其他用途，还进行了安全处理。

学生通过本任务的学习应达到 2 个目标：一是学会使用一体式复印机复印身份证；二是学会对身份证复印件进行安全处理。

## 【任务准备】

### 1. 认识复印机

通常所说的复印机是指从书写、绘制或印刷的原稿得到等倍、放大或缩小的复印品的设备，广义上的复印机是指拥有复印功能的设备，包括复印机、打印复印传真一体机、电话传

真机等，后两种复印功能较简单，通常只能等倍复印。复印机操作简单、速度快，相比传统的铅字印刷、蜡纸油印、胶印等，无须制版就能直接从原稿获得复印品，非常方便。一体式复印机除了具有复印功能，还有打印、扫描、网络共享等多种功能。

按用途划分，复印机可以分为家用一体式复印机、办公数码复印机、便携式复印机和工程图纸复印机。它们的具体特点如表 2.2.3 所示。

表 2.2.3　不同类型的复印机

| 类型 | 图示 | 使用环境 | 说明 |
|---|---|---|---|
| 家用一体式复印机 | | 家庭和小型办公环境 | 价格较为低廉，体型小，方便家庭或小型办公需要，通常同时具有复印、打印、扫描功能 |
| 办公数码复印机 | | 办公和多需求办公 | 扫描仪和一台激光打印机的组合体，能满足不同需求的工作 |
| 便携式复印机 | | 外出办公等一些机动性较强的工作 | 小巧，质量较小，方便携带，节省空间 |
| 工程图纸复印机 | | 机械、建筑等大型公司与一些专业文印店 | 建筑设计、机械设计、船舶设计、勘测设计等需要计算机辅助设计（Computer Aided Design，CAD）输出到纸张的时候 |

### 2. 认识家用一体式复印机

家用一体式复印机指融打印、复印、扫描、传真等多种功能为一体的产品，能满足使用率不高的家庭和普通办公需求。

通常按照有无传真可以将家用一体式复印机分为两种，一种是带有打印、扫描、复印 3 种功能的家用一体式复印机，另一种是带有打印、复印、扫描、传真 4 种功能的家用一体式复印机。家用一体式复印机主要由稿台盖板、操作面板、进纸盒等几部分组成，如图 2.2.36 所示。

家用一体式复印机通过自带的 USB 接口的连线连接至计算机即可进行打印，当需要进行复印或扫描时，将需要复印或扫描的文件放到稿台盖板下面，盖上盖板即可进行复印或扫描的操作。家用一体式复印机一般集成了打印、复印、扫描的功能，而且价格便宜，很适合普通家庭和小型办公用户。

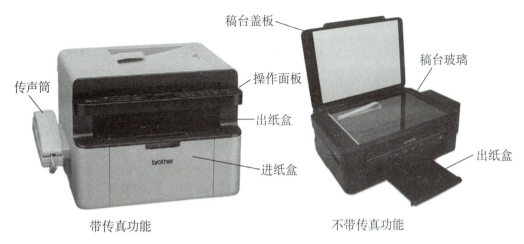

图 2.2.36　家用一体式复印机

> 💡 **小知识：传真功能**
>
> 　　传真是将文字、图表、照片等记录在纸面上的静止图像，通过扫描和光电变换，变成电信号，经各类信道传送到目的地，在接收端通过一系列逆变换过程，获得与发送原稿相似的记录副本的通信方式，随着网络的发展，传真逐渐被网络通信代替。

### 3. 设备准备

本任务需要的设备及材料清单如表 2.2.4 所示。

表 2.2.4　任务所需设备及材料清单

| 名称 | 图示 | 说明 |
|---|---|---|
| 身份证原件 | 中华人民共和国居民身份证 样证 | 第二代身份证 |
| 家用一体式复印机 | | 普通带复印功能的家用一体式复印机，只有手动二合一复印功能 |
| A4 打印纸 | | A4 纸指规格为 210mm×297mm 的专用纸张 |

> 💡 **小知识：手动二合一复印和自动二合一复印**
>
> 　　手动二合一复印时，复印机先复印一张原稿，然后将复印稿手动放入进纸盒，再复印另外一张原稿，将 2 张原稿合并在一张复印纸上。
>
> 　　自动二合一复印，复印机先将一张原稿放入复印机复印（此时不会出复印纸），然后取出第一张原稿将另外一张原稿放入复印机进行复印，此时复印纸才会出来，已经自动将 2 张原稿合并在一张复印纸上了。

【任务实施】

本任务需要 4 步完成，分别是连接设备、复印身份证正面、复印身份证反面、身份证复印件安全处理。

**复印身份证**

### 1. 连接设备

开启家用一体式复印机电源，确保指示灯正常，设备处于工作状态。

### 2. 复印身份证正面

（1）身份证带头像的正面朝下放在家用一体式复印机稿台玻璃上的复印区域靠左位置，如图 2.2.37 所示。

（2）盖上稿台盖板，如图 2.2.38 所示。

**图 2.2.37　身份证正面放在稿台玻璃上**　　　**图 2.2.38　盖上稿台盖板**

（3）按下控制面板上的【复印】按钮，复印出身份证的正面，如图 2.2.39 所示。

### 3. 复印身份证反面

（1）将刚复印好身份证正面的 A4 纸重新放入进纸盒中，摆放时注意复印好的一面朝上，摆放效果如图 2.2.40 所示。

复印按钮 ——

**图 2.2.39　启动复印**　　　　　**图 2.2.40　正面复印纸放入进纸盒**

（2）将身份证不带头像的反面朝下，放入家用一体式复印机稿台玻璃上的复印区域靠右位置，如图 2.2.41 所示。

（3）身份证摆放好之后，盖上稿台盖板，按下控制面板上的【复印】按钮，复印出的身份证复印件效果如图 2.2.42 所示。

图 2.2.41　身份证反面放入稿台玻璃　　　图 2.2.42　身份证复印件

#### 4. 身份证复印件安全处理

为保证身份证复印件用于合法的用途，一般会在复印件上盖章或写上文字。但要注意不能遮盖姓名、身份证号、头像等重要信息；不能盖在空白处，以防再复印身份证事件的发生；保证盖章或文字清晰可辨，如图 2.2.43 所示。

(a)　　　　　　　　　　(b)

图 2.2.43　身份证安全处理

【任务拓展】 **一体机复印证件照**

### 1. 任务说明

需要复印身份证的同事较多，采用手动二合一复印的方式太慢，李明到公司的文印部，找到具有自动二合一功能的复印机完成了复印工作。

### 2. 设备准备

所需设备及材料如表 2.2.5 所示。

表 2.2.5 任务所需设备及材料清单

| 名称 | 图示 | 说明 |
|------|------|------|
| 身份证原件 | | 第二代身份证 |
| 家用一体式复印机 | | 普通带复印功能的家用一体式复印机，带有自动二合一复印功能 |
| A4 打印纸 | | A4 纸指规格为 210mm×297mm 的专用纸张 |

### 3. 操作提示

复印时身份证均放在稿台玻璃复印区域居中的位置，具体操作如下。

（1）开启家用一体式复印机电源，确定设备正常工作。

（2）复印身份证正面。将身份证带头像的正面向下，放在稿台玻璃上复印区域居中位置，最后盖上稿台盖板，按下复印键。

（3）复印身份证反面。将身份证带头像的正面向上，放在稿台玻璃上复印区域居中位置，盖上盖板，按下复印键，如图 2.2.44 所示，完成复印工作。

（4）在身份证复印件上盖章或写上文字。

图 2.2.44 正面向上放在复印区域居中位置

【拓展延伸】 **身份证复印件及照片的安全**

在生活中，很多地方都需要用到身份证原件及复印件，例如，在签订合同，买保险，买汽车，买房、卖房，办理信用卡、银行卡，求职应聘甚至一些网络实名认证活动中，都需交付身份证或身份证复印件。有以下方法保障交付的身份证信息不被他人盗用。

在身份证复印件上写上签注，内容应该包括3个方面：一是提供给哪个单位；二是提供的用途是什么；三是要注明他用无效。以申请信用卡办理为例，就应该在身份证复印件上写清楚，如图2.2.45所示。

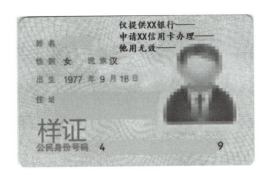

图 2.2.45 身份证标注

注意事项：部分笔画与身份证的字交叉或接触；每一行后面一定要画上横线，以免被偷加其他文字；备注的字迹最好与复印件信息内容有交叠或者接触，以防被再次复印重新利用，但不要盖住身份证号、姓名等重要信息。

## 任务四 扫描仪扫描文档

### 【任务说明】

李明所在公司要和另外一家公司签订合同，要将设计图初稿扫描发送给签合同的同事，补充在合同里面，为防止被滥用，还需要加上"仅限合同签署"的水印。

学生通过本任务学习使用扫描仪扫描文档，然后在扫描好的图片上加上水印，设备连接示意图如图2.2.46所示。

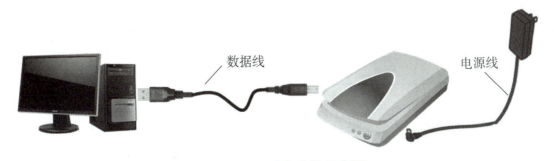

数据线　电源线

图 2.2.46 设备连接示意图

这里除了使用扫描仪，也可以使用具有扫描功能的一体机、复印机，它们的扫描方式类似。

【任务准备】

### 1. 认识扫描仪

扫描仪是利用光电技术和数字处理技术，以扫描方式捕获图像并转换为计算机可以显示、编辑、存储和输出的文件的数字化输入设备。普通扫描仪可以扫描照片、文本页面、图样、美术图画、菲林软片等，有些高档扫描仪还可以扫描纺织品、标牌面板、印制板样品等三维对象。

（1）扫描仪分类。扫描仪的种类众多，根据扫描仪介质和用途不同主要有平板式扫描仪、笔式扫描仪、便携式扫描仪、滚筒式扫描仪、3D扫描仪等，如表2.2.6所示。

表 2.2.6　扫描仪的种类

| 种类 | 图示 | 说明 |
| --- | --- | --- |
| 平板式扫描仪 | | 又称为平台式扫描仪、台式扫描仪，是最早的扫描仪产品，诞生于 1984 年，是目前办公用扫描仪的主流产品 |
| 笔式扫描仪 | | 又称为扫描笔或微型扫描仪，使用时将扫描笔的光头对准文字一行一行地扫描，主要用于文字识别 |
| 便携式扫描仪 | | 方便携带，无须预热，开机即可扫描 |
| 滚筒式扫描仪 | | 又称为电子分色机，简称"电分"，是目前最精密的扫描仪器，价格昂贵，是高精密度彩色印刷的最佳选择 |
| 3D 扫描仪 | | 能对物体进行高速、高密度测量，输出三维点云供进一步后期处理用 |

（2）平板式扫描仪的结构。平板式扫描仪是目前办公用扫描仪的主流产品，主要由稿台盖板、稿台玻璃、操作面板等几部分组成，如图2.2.47所示。

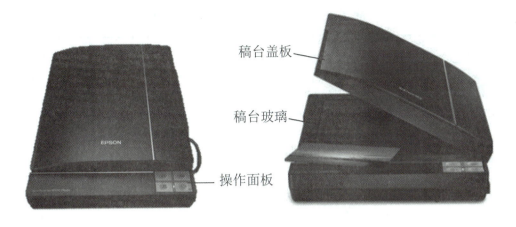

稿台盖板

稿台玻璃

操作面板

**图 2.2.47　平板扫描仪的结构**

### 2. 认识万能扫描软件 VueScan

通常扫描仪会自带驱动程序和扫描软件，但有些老式扫描仪在 Windows 7、Windows 8 系统下通常无法使用扫描功能。这时可以使用第三方扫描软件代替，而 VueScan 就是其中的经典软件，支持全中文操作界面，如图 2.2.48 所示。

**图 2.2.48　万能扫描软件 VueScan**

### 3. 认识图像处理软件

图像处理软件是用于处理图像信息的各种应用软件的总称，专业的图像处理软件如 Adobe 的 Adobe Photoshop 等，入门图形处理软件如光影魔术手、美图秀秀等，如表 2.2.7 所示。

**表 2.2.7　常见图像处理软件**

| 名称 | 图示 | 说明 |
|---|---|---|
| Adobe Photoshop | Ps | 由 Adobe 公司开发和发行的专业图像处理软件，功能强大，拥有众多的编修与绘图工具，可以编辑图像、合成图像、校色调色及制作功能色效等 |
| 光影魔术手 | 光影魔术手 productions | 一款国产的免费图像处理软件，简单、易用，是摄影作品后期处理、图片快速美容、数码照片冲印整理时必备的图像处理软件 |
| 美图秀秀 | 秀 | 美图网出品的一款免费图片处理软件，简单易学，具备图片特效、美容、拼图、场景、边框、饰品等功能，并自带精选素材，可以方便地做出专业的照片 |

### 4. 设备准备

根据任务说明的要求，所需设备及软件如表 2.2.8 所示。

表 2.2.8　任务所需设备及软件清单

| 名称 | 图示 | 说明 |
|---|---|---|
| 平板式扫描仪 | | 普通平板式扫描仪 |
| 台式计算机 | | 台式计算机或笔记本电脑均可 |
| 文档 | | 需要扫描的文档 |
| VueScan | | 支持将彩色照片、负片、正片和文件快速方便地转换为数字图像 |
| 美图秀秀 | | 制作水印 |

【任务实施】

任务需要 4 步完成，分别是设备准备、放入文档、扫描文档、添加水印。

**1. 设备准备**

（1）按照图 2.2.46 的连接示意图连接扫描仪和台式计算机，并开启电源，使扫描仪处于工作状态。

（2）在台式计算机上安装扫描仪自带的驱动程序，如果找不到驱动程序，可以下载安装万用扫描软件 VueScan，如图 2.2.49 所示。

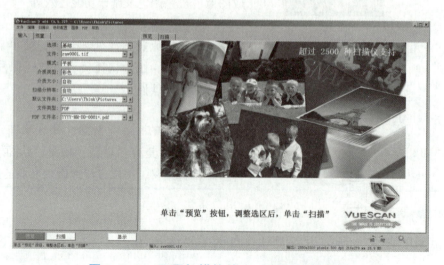

图 2.2.49　万用扫描软件 VueScan 运行界面

## 2. 放入文档

打开扫描仪的稿台盖板，将需要扫描的文件或资料放到稿台玻璃上，需要扫描的一面向下，注意放平整，横向和纵向对齐，最后盖上稿台盖板，如图 2.2.50 所示。

## 3. 扫描文档

（1）预览文档。单击程序运行界面左下方的【预览】按钮，稍后在右边窗口会出现文档的预览情况，如果文档没有放置好，重新调整文档位置再进行预览直到满意为止，如图 2.2.51 所示。

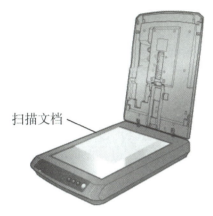

扫描文档

**图 2.2.50　放入待扫描文件**

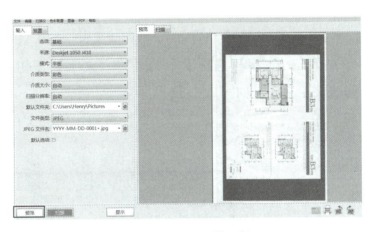

**图 2.2.51　预览文档**

（2）输入设置。在输入选项卡中依次设置介质类型为"彩色"，文件类型为"TIFF"，如图 2.2.52 所示。

（3）启动扫描。单击【扫描】按钮，在弹出的对话框中修改文件名为"设计图初稿"，稍后扫描完成，如图 2.2.53 所示。

**图 2.2.52　输入设置**

**图 2.2.53　扫描并保存文件**

## 4. 添加水印

（1）运行美图秀秀，单击【新建】按钮新建一个 600 像素×400 像素的透明画布，如图 2.2.54 所示。

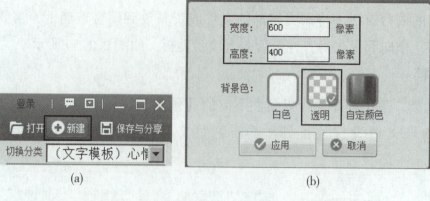

图 2.2.54　新建文档

（2）单击【文字】选项卡中的【输入文字】按钮，在文本框中输入"仅限合同签署"，适当修改文字格式，如图 2.2.55 所示。

（3）单击右上角的【保存与分享】按钮，保存文件名为"水印素材"，格式为".png"，如图 2.2.56 所示。

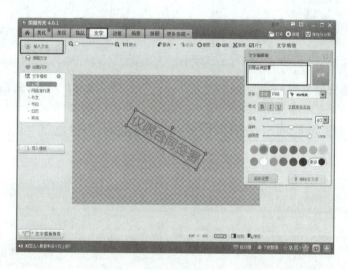

图 2.2.55　输入水印文字

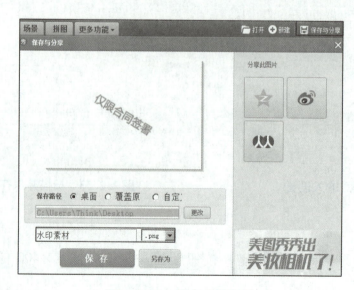

图 2.2.56　保存水印图片

— 112 —

（4）用美图秀秀打开扫描好的文件"设计图初稿.tiff"，单击【饰品】选项卡中的【导入饰品】按钮，在弹出的【导入饰品资源】对话框中选中【用户自定义】单选按钮，单击【导入】按钮，在打开的【打开】对话框中选择"水印素材.png"文件，导入水印图片如图2.2.57所示。

（5）将导入的"水印素材.png"拖曳至设计图初稿上，适当修改水印图片大小和位置，如图2.2.58所示。

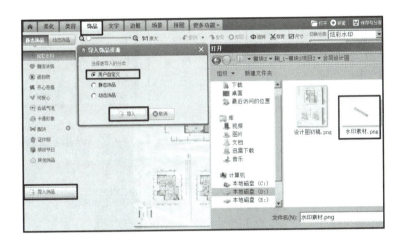

**图 2.2.57　导入水印图片**

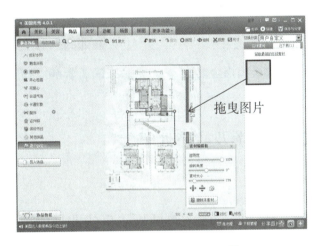

**图 2.2.58　拖曳水印图片**

最后保存文件，完成扫描仪扫描文件以及添加水印的工作。

扫描全能王
扫描文档

**【任务拓展】 扫描全能王扫描文档**

### 1. 任务说明

李明发现智能手机上的扫描全能王等 App 扫描的效果也很好，在临时应急与对扫描质量要求不高的情况下非常好用，还提供了拍图识字功能。

### 2. 操作提示

（1）从智能手机官方应用商店下载并安装扫描全能王 App，如图 2.2.59 所示。

（2）打开扫描全能王 App，此时可以点击【导入图片】【导入文档】【拍试卷】【扫描证件】【拍图识字】等快捷功能，如图 2.2.60 所示。

（3）点击最下方的相机图标，提示拍摄文档、证件等，最后会进行自动美化。

图 2.2.59 下载并安装扫描全能王

图 2.2.60 打开扫描全能王

## 【拓展延伸】 扫描仪日常保养及故障处理

### 1. 扫描仪日常保养和维护

（1）不要随意热插拔数据传输线。随意热插拔接口的数据传输线，有可能损坏扫描仪或计算机的接口。

（2）不要经常插拔电源线与扫描仪的接头。这有可能会造成连接处的接触不良，导致电路不通。

（3）不要中途切断电源，等到扫描仪的镜组完全归位后，再切断电源。

（4）不要在扫描仪上面放置物品。长时间将物品放在扫描仪上，稿台盖板将会因中空受压而变形。

（5）机械部分保养。扫描仪长时间使用后，要拆开盖板，用浸有缝纫机油的棉布擦拭镜组两条轨道上的油垢，擦净后，再将适量的缝纫机油滴在传动齿轮组及皮带两端的轴承上面。

### 2. 扫描仪常见故障处理

（1）指示灯不亮。确保扫描仪电源线连接正常。

（2）不能扫描。重新安装驱动程序或将扫描仪连接线重新插拔。

（3）文件边缘扫描不到。文件平放在稿台玻璃上，不能发生偏移。

（4）图像全黑。进行屏幕校准。

## 项目小结

通过本项目的学习，学生学会了网络打印机的安装、常用远程办公软件的使用方法以及复印机复印文件、扫描仪扫描文件的方法，同时还了解了一体机、手持扫描仪等设备。

## 课后作业

1. 分小组配置网络打印机，并互相测试是否可以正常使用。

2. 分小组创建在线调查表，在班级在线会议上进行交流。

3. 分小组进行身份证的扫描，并保证扫描的效果得到各组成员的认可。

4. 分小组对提供的文件进行扫描，并为图片添加水印。

# PROJECT 3 项目三

## 办公信息安全保障

### 项目概述

　　财务室的同事把第一季度公司收支情况的电子文档传给了李明，让他打印出来后交给领导过目确认。为了防止文档丢失，同事让李明使用光盘、云存储等工具进行备份，同时按照公司保密要求，还需将不再使用的纸质文件和电子文档分别进行销毁。本项目完成 4 个任务，其内容结构如图 2.3.1 所示。

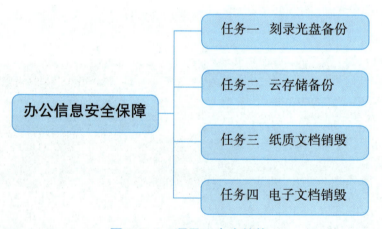

**图 2.3.1　项目三内容结构**

### 项目目标

- 学会使用刻录光盘备份文件。
- 学会使用私有云存储和网盘备份文件。
- 掌握使用碎纸机销毁纸质文档的方法。
- 掌握电子文档销毁的方法。

# 任务一 刻录光盘备份

## 【任务说明】

计算机上的文件存放在硬盘里，一旦硬盘出现故障，会导致数据的丢失，各种免费版的恢复软件只能恢复一部分，一些专业数据恢复公司可以恢复更多的数据，但这样费时费力，而且费用高昂，不定期备份数据，可以避免这些问题。财务室的同事让李明帮忙把第一季度的财务报表用光盘备份，刻录光盘是常用的一种数据备份手段，光盘刻录需要刻录机。

学生通过本任务学会使用刻录机将数据刻录成光盘，刻录软件采用"光盘刻录大师"。

## 【任务准备】

### 1. 认识刻录机

广义上的刻录机是指专业刻录 CD 或 DVD 的设备，本次使用的刻录机主要是指在计算机中使用并能刻录和读取 CD、DVD 的光盘驱动器，也称为刻录光驱，刻录光驱广泛装配于台式计算机和笔记本电脑上，如图 2.3.2 所示。

台式计算机刻录光驱

笔记本电脑刻录光驱

图 2.3.2 刻录光驱

不同的刻录机有相应的规范，在刻录前应确认刻录机具备什么样的功能，能够刻录什么样的光盘，这些功能规范标志通常标记在刻录机的表面或包装盒上面。常见刻录规范如表 2.3.1 所示。

表 2.3.1　常见刻录规范

| 标志 | 说明 |
|---|---|
| COMPACT disc DIGITAL AUDIO | CD-RW 刻录规范，支持 CD-R/RW 刻录 |
| DVD RAM | DVD-RAM 刻录规范，支持 DVD-RAM 刻录 |
| DVD R/RW™ | DVD-R/RW 刻录规范，支持 DVD-R/RW 和 CD-R/RW 刻录 |
| RW DVD+ReWritable | DVD+R/RW 刻录规范，支持 DVD+R/RW 和 CD-R/RW 刻录 |
| DVD MULTI RECORDER | DVD-Multi 刻录规范，以 DVD-RAM 为主要架构，支持 DVD-RAW、DVD-R/RW、CD-R/RW 的刻录 |
| DVD-Dual | DVD-Dual 刻录规范，又称 DVD-Dual RW 标准，它同时兼容 DVD-R/RW 和 DVD+R/RW 刻录 |
| super multi | super multi 刻录规范，它同时兼容 DVD-RAW、DVD-R/RW 和 DVD+R/RW 3 种刻录，就目前来说，它是支持 DVD 格式最多的规范之一 |

### 2. 认识光盘

光盘是以光信息为存储载体，用来存储数据的一种物品，如图 2.3.3 所示。光盘通常分为 2 种，一种是不可擦写光盘，只能进行数据读取，如 CD-ROM、DVD-ROM；另一种是可擦写光盘，可以刻录和读取数据，如 CD-RW、DVD-RAM。

图 2.3.3　光盘

CD 光盘的容量一般在 700MB 左右，而 DVD 光盘的容量能达到 4.7GB 左右。在刻录时需根据实际文件大小选择适合的光盘类型。

> **小知识：光盘的分类**
>
> CD-ROM：即只读光盘，是一种在计算机上使用的光盘。这种光盘只能写入数据一次，信息将永久保存在光盘上，使用时通过光盘驱动器读出信息。
>
> DVD-ROM：一种只读型 DVD 视盘，必须由专用的视盘机播放。

**CD-RW**：可擦写 CD 光盘，可擦除刻录在光盘上的数据，并重新刻录新的数据，可以重复使用。

**DVD-RAM**：可擦写 DVD 光盘，可擦除刻录在光盘上的数据，并重新刻录新的数据，可以重复使用。

### 3. 刻录软件

有了刻录机和光盘以后，还需要刻录软件才能进行刻录，现在可供使用的刻录软件有很多，如 Nero、Ultra ISO 等。其中影响较大的专业刻录软件是 Nero，集成了众多功能，安装使用都较复杂，办公室工作力求简化，在本任务中使用一款免费、轻便的国产刻录软件——光盘刻录大师。

### 4. 设备准备

根据任务说明的要求，需要的设备及材料清单如表 2.3.2 所示。

表 2.3.2　任务所需设备及材料清单

| 名称 | 图示 | 说明 |
|---|---|---|
| 刻录机 | | 台式计算机自带刻录光驱，支持 DVD-RW |
| 光盘 | | 财务文档一般较小，故选用容量较小的 CD-RW |
| 刻录软件 | | 光盘刻录大师，简单直观、界面友好、支持的格式多，兼容各种系统，全中文界面 |
| 油性笔 | | 在刻录好的光盘上做标记 |

## 【任务实施】

本任务需要 4 步完成，分别是安装刻录软件、放入光盘、刻录光盘、标记光盘。

刻录光盘备份

### 1. 安装刻录软件

（1）下载软件。"光盘刻录大师"是免费软件，可以直接搜索官方网站下载。

（2）安装软件。软件的安装按照提示一步一步完成，完成后桌面上会出现光盘刻录大师的图标。

### 2. 放入光盘

按下刻录机上的打开/关闭仓门按钮，将光盘放在托盘上，再次按下按钮关闭仓门，如图 2.3.4 所示。

打开/关闭仓门

图 2.3.4　打开/关闭仓门

### 3. 刻录光盘

（1）打开光盘刻录大师。在主界面单击【刻录数据光盘】图标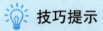。

（2）选择刻录光盘类型及添加刻录数据。单击【添加目录】或【添加文件】按钮，把要刻录的文件添加到待刻录区域，界面下方进度条显示当前数据大小，添加数据文件不能超过光盘的最大存储量，如图 2.3.5 所示，确定后单击【下一步】按钮。

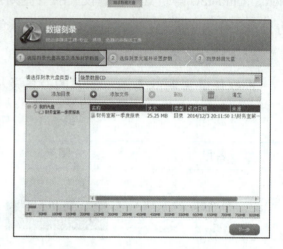

> ☀ **技巧提示**
>
> 　添加目录指添加的内容为一个文件夹，而添加文件的内容为单个文件，包括压缩包。

图 2.3.5　添加刻录数据

（3）选择刻录光驱并设置参数。

选择目标设备为本机的刻录机，可以看到刻录机型号为 ASUS DRW-24D1ST，同时还能看见刻录机中的光盘数据类型和容量，如图 2.3.6 所示。

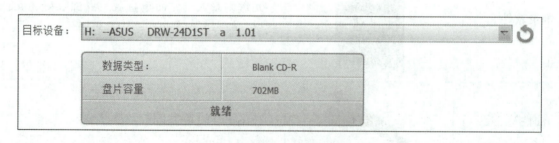

图 2.3.6　目标设备选择

设置刻录参数。光盘卷标命名为"财务室第一季度报表"，这是光盘在计算机中显示的光盘名称。刻录速度选择"16×"，它是刻录光盘的速度，数字越大，刻录时间越短，但是可靠性降低，刻坏光盘的可能性增大；而刻录速度越小，刻录所花时间越多，刻录成功率越高。刻录方式选择"轨道一次刻录"，刻录份数为"1"。为了保证刻录的成功，可以选中【启用防烧死技术】和【烧录完成校验数据】复选框，确认后单击【下一步】按钮，如图 2.3.7 所示。

（4）刻录光盘。刻录机启动刻录程序，数据刻录完成后，会弹出提示刻录完成的对话框，单击【确定】按钮结束刻录，光盘会自动从刻录机中弹出，如图 2.3.8 所示。

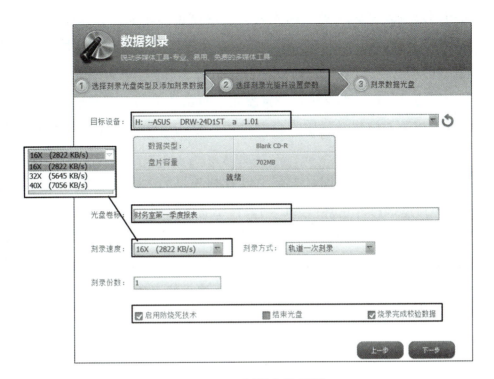

图 2.3.7　刻录参数设置

图 2.3.8　刻录完成

### 4. 标记光盘

光盘刻录好后，需要用油性笔在光盘上做标记，以免混淆，通常按照"日期+内容"进行命名，如"2015 年 11 月财务室第一季度报表"。

通过上面的 4 步，我们完成了财务室第一季度报表的光盘刻录备份。

## 【拓展延伸】　私刻光盘销售近 3 万张，获刑

将网上喜欢的音像作品刻成光盘或复制下来，在网络发达的今天是件寻常事，但如果将这些储存介质拿来销售，就有可能侵犯著作权了。

2018—2020 年间，为了以低廉的成本获得高额的利润，周某虎和王某艳合谋，将从音乐

平台下载的歌曲用刻录机复制刻录到空白光碟，然后重新编印歌曲目录包装制成成品，并通过网络电商平台销售到全国各地，从中获取利润 20 余万元。2020 年 11 月 4 日，周某虎和王某艳被公安机关抓获，并当场查获刻录机 6 台、复制刻录成品车载音乐光碟 29200 张等。

办案人员对查扣的成品音乐光碟进行抽样鉴定，查实送检的 666 套成品音乐光碟均属于非法音像制品。周某虎和王某艳刻录音乐光盘并进行销售的行为并未取得著作权人等相关权利人许可其复制、发行的合法授权。

法院经审理认为，被告人周某虎、王某艳以营利为目的，未经著作权人许可复制发行他人音乐作品，违法所得数额巨大，其行为已构成侵犯著作权罪。

著作权等知识产权受法律保护，销售盗版音乐、盗版书籍等盗版作品是对他人智力成果的"盗窃"。希望大家都能提升知识产权保护意识，尊重他人的创作成果，抵制侵权、假冒等违法犯罪行为，共同营造公平竞争的营商环境和安全放心的消费环境。

## 任务二　云存储备份

### 【任务说明】

公司准备将一些公共资料集中存储、使用及备份。李明经过调研后发现，不少公司使用 NAS 设备实现私有云存储功能，管理、使用都很方便。

学生通过本任务学会使用 NAS 设备实现私有云存储，设备连接示意图如图 2.3.9 所示。

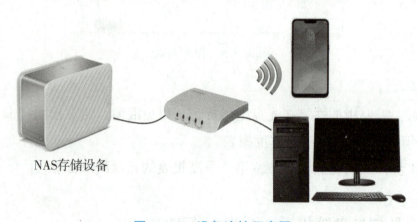

NAS存储设备

图 2.3.9　设备连接示意图

## 【任务准备】

### 1. 认识 NAS 设备

网络附接存储（Network Attached Storage，NAS）是指连接在网络上，具备资料存储功能的装置，通俗地讲，就是一台私有云存储服务器，可以通过网络进行访问，其功能与百度网盘等公有云存储类似。常见的 NAS 设备品牌有群晖、联想、海康威视等，它们的功能与使用方式类似。

### 2. 设备准备

根据任务说明的内容，所需设备如表 2.3.3 所示。

表 2.3.3　任务所需设备清单

| 名称 | 图示 | 说明 |
| --- | --- | --- |
| NAS 设备 | | 联想 T2 个人云存储，支持 3.5 寸、2.5 寸硬盘，具有 RJ45 接口、USB 3.0 接口 |
| 台式计算机 | | 测试用计算机，台式计算机或笔记本电脑均可 |
| 智能手机 | | 测试用智能手机，也可使用平板电脑 |

## 【任务实施】

李明选择联想的 NAS 设备搭建公司私有云存储，该设备支持苹果、安卓、Windows、安卓 TV 及 MAC 客户端。本任务需要 3 步完成，分别是安装 NAS 设备、连接 NAS 设备、配置 NAS 设备。

**云存储备份**

### 1. 安装 NAS 设备

（1）安装硬盘架。打开机身正面盖板，按住开关抽出硬盘架，使用固定螺丝将硬盘固定在硬盘架上，最后将硬盘架推入硬盘盒，如图 2.3.10 所示。

（a）硬盘固定在硬盘架上　（b）硬盘架推入硬盘盒

图 2.3.10　安装硬盘

（2）连接设备。按照设备连接示意图接上电源线和网线后开启电源，开关键的指示灯亮起时就代表设备开机了。

### 2. 连接 NAS 设备

（1）下载管理软件。设备提供的管理软件名称为"数据守护者"，移动端通过扫描说明书里的 App 二维码下载 App 并安装，计算机端和智能电视端直接登录说明书指定的网址进行下载安装，如图 2.3.11 所示。本任务以移动端为例进行说明。

**图 2.3.11　管理软件下载页面**

（2）登录管理软件。安装并运行数据守护者，会提示登录，如果没有账号，按照提示注册即可，如图 2.3.12 所示。

（3）绑定设备。进入绑定设备界面，点击下方的【扫描绑定设备】按钮，二维码在设备机身上，随后自动绑定设备，如图 2.3.13 所示。

> ⚙ 技巧提示
>
> 　　第一个连接成功的账号会被自动添加为管理员，管理员并没有权限访问其他账号的数据，但是可以对账户进行增删管理，之后用相同方式连接的用户则为普通用户，无法使用这些管理功能。这种多账户分配互相独立的方式更加安全可靠。

### 3. 使用 NAS 设备

（1）查看设备列表。绑定设备之后出现设备列表，点击【使用此设备】按钮，如图 2.3.14 所示。

（2）格式化设备。第一次使用设备时需要对硬盘进行格式化，有 RAID0、Large 2 种磁盘组模式选择，这里选择 Large 模式，如图 2.3.15 和图 2.3.16 所示。

（3）使用设备。格式化设备之后重启，然后点击【使用此设备】按钮进入设备功能页面，如图 2.3.17 所示。在这里可以实现上传文件、下载文件、文件分享、手机备份、微信备份等功能。

图 2.3.12　运行管理软件

图 2.3.13　绑定设备

图 2.3.14　设备列表

图 2.3.15　格式化设备

图 2.3.16　选择磁盘组模式

图 2.3.17　使用设备

💡 **技巧提示**

【我的空间】只有登录用户自己才能看到，【公共空间】所有用户能看到，【群组空间】同组的用户能看到。

【任务拓展】 **使用网盘存储备份**

使用网盘
存储备份

### 1. 任务说明

百度网盘是使用较多的公有云存储，它支持网页、PC 客户端、手机客户端等多种访问方式，可以作为私有云存储的补充。

### 2. 操作提示

（1）注册网盘。在浏览器中打开百度网盘首页，单击【立即注册】按钮，根据提示注册好网盘账号，如果已经有账号则直接登录即可，如图 2.3.18 所示。

**图 2.3.18　打开百度网盘首页**

（2）登录网盘。使用注册好的账号密码登录，在这里也可以通过微博账号、QQ 账号和微信账号认证登录，单击登录页面中对应的图标，按照提示操作即可登录，登录后的界面如图 2.3.19 所示。

**图 2.3.19　登录后的界面**

（3）使用网盘。在网盘中可以按照需求上传、下载文件，分享文件，创建、删除文件夹和文件，与操作自己的计算机类似。

（4）使用客户端访问网盘。使用客户端访问网盘，能实现更多的功能，如更大容量文件下载、更快的传输速度、更安全等。百度网盘有 Windows、Android、iPhone、iPad、Mac、Linux、TV 等多种客户端，基本实现了全覆盖。

无论是浏览器、PC 客户端还是手机 App 客户端，登录相同账号时所看到的内容均是相同的，在任意一处对文件和文件夹进行操作，所有平台均同步修改，即实现了云存储的功能。

### 【拓展延伸】 国资云

随着《中华人民共和国数据安全法》《中华人民共和国个人信息保护法》等法律的颁布与实施，"党管数据，数据安全"将成为国家经济发展过程中的底线，国资云应运而生，它是由各地国资委牵头投资、设立、运营，具有高安全防护水平的数据安全基础设施，在上面承载了国有企业数据的数据治理体系及云平台。

国资云是互联网基础设施国有化成为数据资产的产物，它属于国有资产，纳入国资监管和统一管理。保护国有数据资产安全是建设国资云的核心目的，数据资产国有化成为执政能力现代化的基础。

国资云的本质是从第三方托管的公有云转向国资专属行业云。国资云一般为行业云或分布式云，其主要建设与运营方通常是地方国资企业或国资平台公司，技术与产品的支撑方一般为云服务商。

## 任务三 纸质文档销毁

### 【任务说明】

打印出来的财务报表经领导过目确认后，根据保密原则，需要及时销毁，财务室配备有碎纸机，专门用于销毁需要保密的文件，李明来到财务室，向同事请教碎纸机的用法。

学生通过本任务的学习应学会使用碎纸机销毁纸质文档的方法。

### 【任务准备】

#### 1. 认识碎纸机

碎纸机是由一组旋转的刀刃、纸梳和驱动电动机组成的。纸张从相互咬合的刀刃中间送

入，被分割成很多的细小纸片，以达到保密的目的。

（1）碎纸机的种类。

碎纸机根据使用对象、使用环境的不同分为手摇碎纸机、桌面型碎纸机、小型个人/家用碎纸机、中型办公碎纸机、大型办公碎纸机等几种，如表 2.3.4 所示。

表 2.3.4　碎纸机的种类

| 种类 | 图示 | 说明 |
| --- | --- | --- |
| 手摇碎纸机 | | 小型的碎纸机，通过手摇带动刀刃旋转达到碎纸的目的，是碎纸机中碎纸能力最弱的一种，但成本最低 |
| 桌面型碎纸机 | | 可以放在办公桌上的碎纸机，碎纸能力较弱，单次可碎纸 10 张以下，纸屑存储能力较弱 |
| 小型个人/家用碎纸机 | | 个人/家用的小型碎纸机，碎纸能力为单次 10 张左右，纸屑存储能力一般 |
| 中型办公碎纸机 | | 普通办公室常用类型碎纸机，碎纸能力为单次 10~20 张，纸屑存储能力较强 |
| 大型办公碎纸机 | | 碎纸量较大的办公室采用，碎纸能力为单次 20~30 张，超大型碎纸机甚至能达到单次 60~70 张，纸屑存储能力很强 |

（2）碎纸机的结构。各种碎纸机的结构类似，通常由控制面板、进纸口、废纸箱视窗、废纸箱、滚轮等几部分组成，如图 2.3.20 所示。

（3）碎纸的方式。碎纸方式是指纸张切碎后的形状，根据碎纸刀的组成方式，现有的碎纸方式有碎状、粒状、段状、条状等，如图 2.3.21 所示。

（4）碎纸机保密标准。纸张经过碎纸机处理后所形成的废纸的大小，一般以毫米（mm）为单位，粒状效果最佳，碎状次之，条、段状相对效果更差些。根据碎纸的效果有相应的保密标准，等级越高碎纸越小，如表 2.3.5 所示。

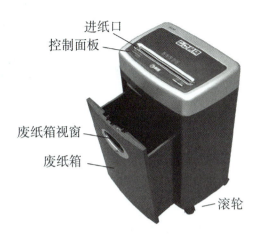

图 2.3.20　碎纸机的结构

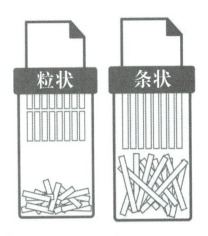

图 2.3.21　粒状和条状碎纸方式

表 2.3.5　碎纸机保密标准

| 保密等级 | 碎后形状尺寸/mm | 图示 | 保密等级 | 碎后形状尺寸/mm | 图示 |
|---|---|---|---|---|---|
| 一级保密 | 条状：6.3~12 | | 四级保密 | 粒状：（1.9~2）×15 | |
| 二级保密 | 条状：3.9~5.8<br>粒状：（6~10.5）×（40~80） | | 五级保密 | 粒状：0.78×11 | |
| 三级保密 | 条状：1.9<br>粒状：（3.9~6）×（25~53） | | 六级保密 | 粒状：1×5 | |

## 2. 设备准备

根据任务说明的内容，需要的设备及材料清单如表 2.3.6 所示。

表 2.3.6　任务所需设备及材料清单

| 名称 | 图示 | 说明 |
|---|---|---|
| 碎纸机 | | 办公室用碎纸机 |
| 作废纸质文档 | | 作废的第一季度报表 |

纸质文档销毁

**【任务实施】**

本任务需要 3 步完成，分别是打开碎纸机电源开关、放入作废文档、清除碎纸屑。

### 1. 打开碎纸机电源开关

把碎纸机电源插头插上，打开电源开关，电源指示灯亮，此时碎纸机通电，处于待机状态，如图 2.3.22 所示。

### 2. 放入作废文档

将作废的纸张从进纸口依次送入碎纸机，机器自动感应并开始工作，注意放入的纸张不能超过碎纸机额定的进纸量，进纸时注意纸张与进纸口平行，尽量保持纸张的平整，如图 2.3.23 所示。

电源灯亮

**图 2.3.22　碎纸机通电**

**图 2.3.23　进行碎纸工作**

### 3. 清除碎纸屑

待完全碎纸完毕，碎纸机自动停止工作，处于待机状态，若此时废纸箱接近装满，需清除碎纸屑。

（1）关闭碎纸机电源，拔掉电源插头，打开废纸箱，将碎纸屑倒出，如图 2.3.24 所示。

（2）将废纸箱装回碎纸机原位，如图 2.3.25 所示，碎纸工作完成。

**图 2.3.24　打开废纸箱**

**图 2.3.25　装回废纸箱**

💡 **小知识：使用碎纸机的注意事项与碎纸机的保养**

（1）机器内刀具精密、锐利，使用时需注意，请勿将衣角、领带、头发等卷入进纸口，以免造成意外损伤。

（2）废纸箱纸满后，请及时清除，以免影响机器正常工作。

（3）请勿放入碎布料、塑料、胶带、硬金属等。

（4）为了延长机器寿命，每次碎纸量以低于机器规定的最大碎纸量为宜，没说明能碎光盘、磁盘、信用卡的机器，请勿擅自将这些物品放入机器中。

（5）清洁机器外壳，请先切断电源，用软布沾上清洁剂或软性肥皂水轻擦，切勿让溶液进入机器内部，不可使用漂白粉、汽油等刷洗。

（6）请勿让锋利物碰到外壳，以免影响机器外观。

## 【任务拓展】 碎纸机卡纸处理

### 1. 任务说明

李明在使用碎纸机处理作废文档时，突然出现了卡纸，碎纸机发出了嗡嗡的声音。他赶忙请教财务办公室的同事如何将卡纸取出。

学生通过本任务的学习学会如何处理碎纸机出现的卡纸。

### 2. 操作提示

（1）普通卡纸情况，按住碎纸机操作面板上的退纸键，被卡纸张会顺利倒出，如图2.3.26所示。

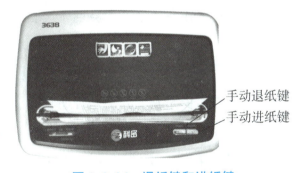

手动退纸键
手动进纸键

**图2.3.26 退纸键和进纸键**

（2）纸张卡死，按下退纸键无用，首先断掉电源，把废纸箱里的废纸倒掉；然后用细螺丝刀把卡住的纸屑慢慢清理掉；清理完毕后再通电。

## 【拓展延伸】 碎纸机的保密安全级别

目前中国的文件销毁行业标准正在制定中，国际上主流的行业标准是由德国标准化主管机关制定的DIN66399标准。其中碎纸机保密安全级别标准适用于各种产品的生产制造和服务，包括管道材料、建筑材料、家用产品、媒体、钢铁、塑料及纸张等，它由以下几个级别。

1级：适用于任何性质的文件材料，用于确保其销毁后不存在可读性。粉碎的尺寸为10.5mm的条状或10.5mm×（40~80）mm的粒状。

2级：用于没有严格限制保密安全要求的内部文件的处理。粉碎尺寸为3.9mm或5.8mm

的条状或 7.5mm×（40~80）mm 的粒状。

3 级：适用于机密文件或记录，如个人信息或档案等，是最严格要求的保密安全要求的最低标准。粉碎尺寸为 1.9mm 的条状或 3.9mm×（30~50）mm 的粒状。

4 级：强调重要文件必须保证机密万无一失。粉碎尺寸为 1.9mm×15mm 的粒状。

5 级：目前最高的安全级别，用于信息极端的高保密要求，如政府部门的应用或专有研究等。粉碎尺寸不超过 0.78mm×11mm 的粒状。

还有要求更高的安全级别，即保密安全 6 级，目前正在制定当中。

# 任务四 电子文档销毁

## 【任务说明】

除了纸质文档销毁，李明还需将计算机里的电子文档一并销毁。电子文档的销毁有普通删除、彻底删除和物理破坏删除 3 种销毁方法。

学生通过本任务的学习学会电子文档删除的方法。

电子文档销毁

## 【任务实施】

任务需要 3 步完成，分别是普通删除、彻底删除、物理破坏删除。

### 1. 普通删除

在"财务室第一季度报表"文件夹上单击鼠标右键，在弹出的快捷菜单中选择【删除】选项，文件即被删除，如图 2.3.27 所示。

### 2. 彻底删除

接上面的步骤，此时文件夹被删除到了计算机的回收站中，在【回收站】图标上单击鼠标右键，在弹出的快捷菜单中选择【清空回收站】选项，如图 2.3.28（a）所示，并在弹出的确定是否永久删除的对话框中单击【是】按钮，完成彻底删除，如图 2.3.28（b）所示。

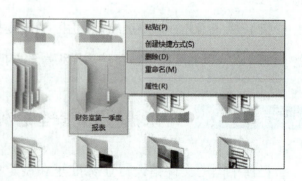

图 2.3.27 右键删除

还有一种方法可以将删除文件和彻底删除一步完成。选择"财务室第一季度报表"文件夹，按住键盘上的【Shift】键的同时按【Delete】键，在弹出的确定是否永久删除的对话框中

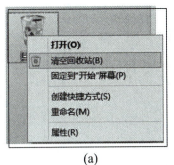
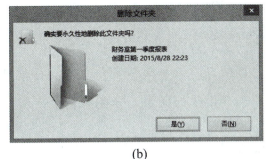

(a)　　　　　　　　　　　(b)

图 2.3.28　清空回收站

单击【是】按钮，完成删除。

### 3. 物理破坏删除

物理破坏是指将存储介质彻底破坏，如用压碎机将硬盘彻底击穿、粉碎。这里所说的物理破坏是将写入数据的物理磁道彻底覆盖，使文件无法恢复。360 安全卫士、金山卫士、百度卫士等软件均提供这种功能，这里以 360 安全卫士为例进行讲解。

（1）在计算机上安装 360 安全卫士系统防护软件。

（2）在"财务室第一季度报表"文件夹上单击鼠标右键，在弹出的快捷菜单中选择【使用 360 强力删除】选项，如图 2.3.29（a）所示，在弹出的【文件粉碎机】窗口中选中界面左下角的【防止恢复】复选框，然后单击【粉碎文件】按钮完成物理破坏删除，如图 2.3.29（b）所示。

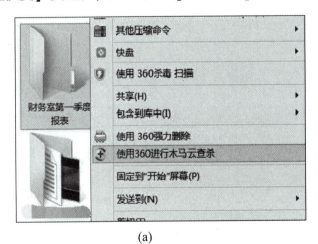
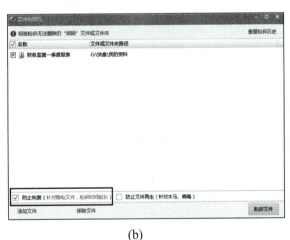

(a)　　　　　　　　　　　(b)

图 2.3.29　物理破坏删除

> **小知识：普通删除、彻底删除和物理破坏删除的区别**
>
> 　　普通删除的文件其实还存留在计算机的回收站里，回收站里的文件是可以直接还原到原文件位置的，并不是实际的删除。彻底删除是把文件彻底从计算机的可视界面删除，如清空回收站，但是其实被删除的数据在硬盘上还是保留着的，此类删除方法删除的数据通过一些专业的数据恢复技术是可以恢复的。而通过 360 安全卫士等同类软件进行的物理破坏删除，其原理是将原数据硬盘存储区域进行覆盖擦写，破坏原数据存储结构，实现了删除且无法恢复的效果。

## 项 目 小 结

通过本项目的学习，学生学会了办公室办公信息安全保障的方法，同时掌握了刻录机、私有云存储设备、碎纸机的概念、分类和使用方法。

## 课 后 作 业

1. 刻录一张音乐 CD，并送给自己的父母作为礼物。

2. 申请一个网盘账号，上传备份自己的重要文件。

3. 分小组使用碎纸机销毁纸质文档，掌握碎纸机的基本操作流程。

4. 分小组探索电子文件误删后数据恢复的方法。

# 模块三
# 商务办公

　　李明经过 2 年的努力，从一个初出茅庐的职场"菜鸟"成长为一个行政主管，领导要求他负责日常办公设备的灵活使用及办公设备的日常维护。本模块有 2 个典型项目，其内容结构如图 3.0.1 所示。

　　通过本模块的学习，学生应学会商务办公场景中的日常业务处理及办公设备的日常维护方法。

```
                    ┌─ 项目一　日常业务处理
商务办公 ───┤
                    └─ 项目二　办公设备日常维护
```

图 3.0.1　模块三内容结构

# PROJECT 1 项目一

## 日常业务处理

### 项目概述

下午有个重要会议将举行，参会人员来自全国各地。李明要用复印机将开会文件复印出来供所有参会人员阅读，为了规范整洁，还需要将每份文件用装订机装订好。会议开始时需要拍摄集体照，打印出来并立刻用塑封机塑封，保证会议结束后分发给与会人员。本项目完成 3 个任务，其内容结构如图 3.1.1 所示。

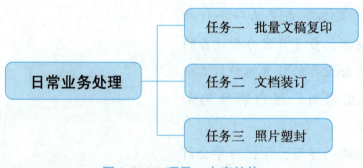

图 3.1.1　项目一内容结构

### 项目目标

- 学会批量文稿复印，同时掌握复印机的使用方法。
- 学会文档装订，同时掌握装订机的使用方法。
- 学会照片塑封，同时掌握塑封机的使用方法。

# 任务一 批量文稿复印

## 【任务说明】

在现代工作和生活中，复印机已经渐渐被人们所熟悉，成为信息网络中的一个重要组成部分，也是现代办公自动化中不可缺少的环节，使用复印机进行批量复印可以极大提高工作效率。

学生通过本任务学习使用复印机批量复印文稿的方法。

## 【任务准备】

### 1. 认识办公数码复印机

办公数码复印机比家用一体式复印机具有更快的速度，更高的可靠性，目前市面上的办公数码复印机型号多、品牌多，基本部件是相同的，外形结构也大同小异。平时使用到的办公数码复印机主要有送稿器、稿台盖板、稿台玻璃、操作面板、进纸盒、出纸盒6个部件，如图3.1.2所示。

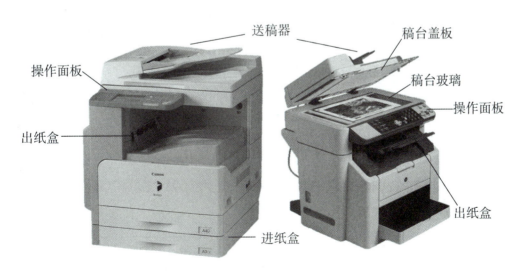

图 3.1.2　办公数码复印机

送稿器通常是选配部件，可以将多张稿件一次性输入复印机，实现多对多的批量复印。而打开稿台盖板只能手动一页一页地将纸放到稿台玻璃上，进行一对多的复印、扫描操作。

送稿器和稿台同时只能选择一种进行复印输入。不带送稿器和带送稿器的复印机如图 3.1.3 所示。

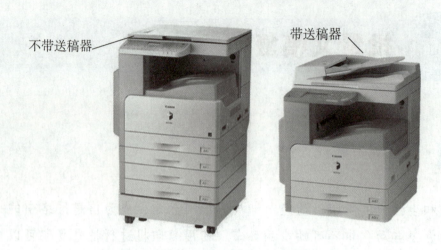

不带送稿器　　　　　带送稿器

图 3.1.3　不带送稿器和带送稿器的复印机

复印机的复印方式有一对多复印、多对多复印 2 种方式，多对多复印按照复印顺序分为依次复印、循环复印 2 种方式，具体如表 3.1.1 所示。

表 3.1.1　不同复印方式

| 复印方式 | 说明 | 原稿 | 复印稿 |
|---|---|---|---|
| 一对多复印 | 将一张原稿复印为多张 | | |
| 多对多依次复印 | 将多张原稿单张完全复印完后，再复印下一张 | | |
| 多对多循环复印 | 将多张原稿按照顺序完整复印多遍，复印出来的文稿按序排列 | | |

复印方式还可以分为单面复印和双面复印 2 种方式，双面复印又分为二合一复印和二对二复印，如表 3.1.2 所示。

表 3.1.2　单面和双面复印

| 复印方式 | 说明 | 原稿 | 复印稿 |
|---|---|---|---|
| 单面复印 | 单面复印为单面 | | |
| 二合一复印 | 2 张单面文稿合成一张正反面文稿 | | |
| 二对二复印 | 双面复印成双面 | | |

## 2. 设备准备

李明需要一次性复印多份会议文稿，是多对多的复印方式，最好选择带送稿器的多功能数码整体复印机，需要的设备及材料清单如表 3.1.3 所示。

表 3.1.3　任务所需设备及材料清单

| 名称 | 图示 | 说明 |
|---|---|---|
| 复印机 | | 多功能数码整体复印机 1 台 |
| 一叠 A4 文稿 | | 排好顺序的文稿 |

**【任务实施】**

使用带送稿器的多功能数码整体复印机复印一份多页原稿，需要把原稿按顺序排好，将要复印的原稿放置在送纸器上，送纸器会自动进纸，依次复印出来，节省了人工单张复

批量文稿复印

印资料的时间。本任务需要4步完成，分别是启动复印机、原稿整理、放置原稿、批量复印。

### 1. 启动复印机

复印机接通电源，将电源开关按下，置于"开"状态，此时复印机会有咔咔的预热声音，稍后会完成预热。

### 2. 原稿整理

原稿整理整齐，按顺序排好，如图3.1.4所示。

图3.1.4　整理好原稿

图3.1.5　原稿放在送稿器上

### 3. 放置原稿

将原稿文字朝上，松散叠放好，然后放置在送稿器上，如图3.1.5所示。

### 4. 批量复印

（1）在控制面板上选择需要复印的份数，然后按下【复印开始】键，送稿器会自动进纸，开始复印，如图3.1.6所示。

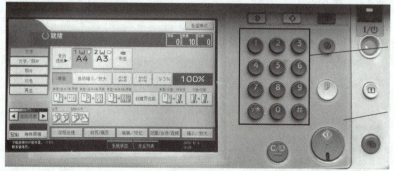

①设置复印份数

②按下【复印开始】键

图3.1.6　设置复印参数

（2）随后在出纸盒中出现复印好的文稿，这些文稿已自动按页码排放好，通常是背面在上，如图3.1.7所示。

图3.1.7　出纸盒中按顺序复印好的文稿

【任务拓展】 **双面复印**

### 1. 任务说明

李明发现复印出来的文稿都是单面的，会浪费太多的纸张，最好全部复印成双面，手上的原稿有部分是单面的需要合并成双面，还有部分本来就是双面的，直接复印成双面即可。

### 2. 操作提示

（1）将单面的文稿和双面的文稿分开整理出来。

（2）二合一复印，即将2张单面文稿合并在一张页面上双面复印，需要先点击操作面板上的【单面-双面】按钮，再选择复印数量，开始复印，如图3.1.8所示。

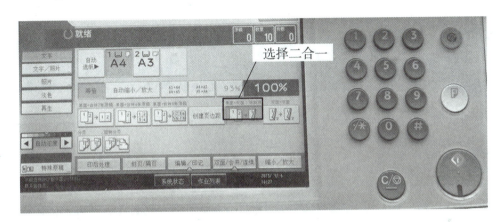

**图3.1.8 二合一复印**

（3）二对二复印，即将双面的文稿复印成双面的，需要先点击操作面板上的【双面-双面】按钮，再选择复印数量，开始复印，如图3.1.9所示。

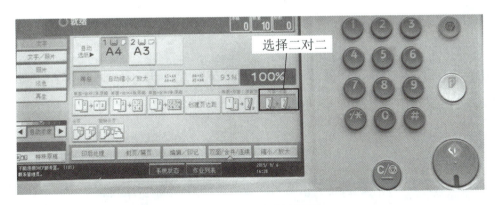

**图3.1.9 二对二复印**

（4）整理。按照页面将复印好的文稿整理好。

【拓展延伸】　**打印机、复印机技术垄断**

理光、惠普、施乐、京瓷等，这些是常见的打印机、复印机品牌，你会惊讶地发现用过的打印机、复印机、传真机没有一个是国产品牌，就是有个别的也是组装或贴牌的。

如果要完全自主研发生产打印机、复印机，投入的资金量大，回报不一定很高，而且没有从事这方面研发的技术人员。我国不自主研发生产复印机的原因，一方面是技术缺失，特别是在精密电子、激光成像等方面的技术缺失；另一方面是技术垄断，传统美日韩复印机厂商沉淀了几十年的技术垄断很难突破。

## 任务二　文档装订

【任务说明】

本次会议文稿较多，使用平时常用的订书机已经不能完成装订，而且为了装订的文稿美观，公司领导要求李明将所有会议资料均用梳式胶圈装订机进行装订。

学生通过本任务的学习学会使用装订机装订文档的方法。

【任务准备】

### 1. 认识订书机

订书机是必备的办公设备，它能将多页纸装订在一起，方便使用和保存。常见的订书机是手动的。普通订书机用于装订少量的纸张，要装订更多的纸张，可以使用大型订书机，使用方法一样。如图 3.1.10 所示。

图 3.1.10　普通订书机（左）和大型订书机（右）

## 2. 认识装订机

装订机是通过手动、自动或全自动方式将纸张、塑料、皮革等用装订钉、热熔胶或尼龙管等材料固定的装订设备。

（1）装订机的分类。市场上一般有热熔式装订机、梳式胶圈装订机、铁圈装订机、订条装订机等，常用于印刷厂、企事业单位财务办公、档案管理等，具体如表 3.1.4 所示。

表 3.1.4　不同类型的装订机

| 名称 | 图示 | 说明 |
|---|---|---|
| 梳式胶圈装订机 | | 采用胶圈装订为活页式，增删页方便，可实现文本 360°翻转，胶圈直径的大小决定了文本装订的厚度，装订好的产品美观大方 |
| 铁圈装订机 | | 采用铁圈进行装订，装订效果较为精致，可以装订比梳式胶圈更多的纸张 |
| 热熔式装订机 | | 采用热熔方式进行装订，装订时要将文稿整齐放入，装订好后等胶条冷却凝固后方能翻动 |
| 订条装订机 | | 订条装订机又称十孔夹条装订机，操作简单、装订整齐、美观大方，适合在各种场合使用，是常见的图文店装订方式之一 |

（2）梳式胶圈装订机的结构。办公室常用的梳式胶圈装订机，主要由手柄、梳齿板、可抽刀、入纸口和定位块等几部分组成，如图 3.1.11 所示。

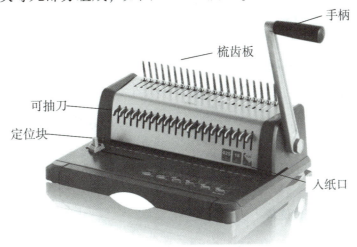

图 3.1.11　梳式胶圈装订机的结构

### 3. 设备准备

根据任务说明的要求，需要的设备及材料清单如表3.1.5所示。

表 3.1.5　任务所需设备及材料清单

| 名称 | 图示 | 说明 |
|---|---|---|
| 梳式胶圈装订机 | 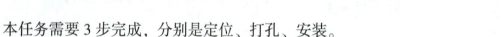 | 普通梳式胶圈装订机 |
| 一叠文件 | | 标准 A4 纸张 |
| 胶圈 | | 普通国产胶圈 |

## 【任务实施】

文档装订

本任务需要 3 步完成，分别是定位、打孔、安装。

### 1. 定位

整理好文件，根据装订文本大小，选择定制块位置和装订边距，如图 3.1.12 所示。

### 2. 打孔

（1）抬起装订机手柄，将整理好的文件放入装订机中，如图 3.1.13 所示。

图 3.1.12　定位位置

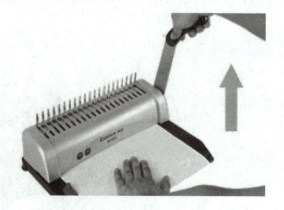

图 3.1.13　抬起手柄

（2）将手柄用力向下压到尽头，然后抬起手柄，打孔完成，如图 3.1.14 所示。

### 3. 安装

（1）将胶环放在梳齿板的后面，开口向上，如图 3.1.15 所示。

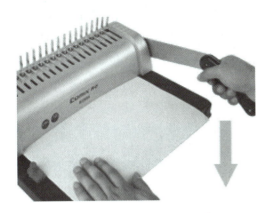

**图 3.1.14　压下手柄打孔**

**图 3.1.15　放置胶环**

（2）向后推动手柄，拉开胶环，将打孔后的文本套在胶环上，如图 3.1.16 所示。

（3）将手柄拉回来，文本装订完成，如图 3.1.17 所示。

通过上面 3 步即完成了文档的装订工作。

**图 3.1.16　套入胶环**

**图 3.1.17　完成装订**

**【拓展延伸】　装订机日常保养和维护**

装订机需要进行日常的保养和维护才能延长使用寿命。

### 1. 正确使用

（1）摆放在平整、坚固的桌面上使用，避免遭受潮湿、日晒等侵袭。

（2）需要电源的装订机要注意用电安全，用完后立即拔掉电源插头。

（3）使用热熔式装订机时，特别注意机内高温，谨防烫伤。

（4）开机后如果发生意外情况，有不正常的响声或卡住等现象时，必须立即停机检查原因。

（5）机器运转中严禁把手伸进切刀的后部，即使在停机的情况下，也严禁手在刀下进行

换刀调整等工作。

### 2. 润滑和保养

为了保证装订机正常运转、减少磨损、保证精度和延长使用寿命，要定时润滑、维护和保养机器。所有的传动部件每星期加一次润滑油，小心擦去溢出的油，以免裁切时污染纸张。

## 任务三　照片塑封

### 【任务说明】

会议正式召开了，参会人员拍摄了集体照，这些集体照用照片打印机打印出来后，为了方便保存，李明对照片进行了塑封处理。

学生通过本任务学会塑封机的使用。

### 【任务准备】

#### 1. 塑封和塑封机

塑封就是用塑封纸把纸张通过塑封机包裹起来定型的方法，进行塑封的机器就称为塑封机，塑封机又称为过塑机、过胶机。塑封分为热塑和冷塑两种，热塑是利用多段式温控，滚动加热方式产生高温进行定型，冷塑是采用带有黏性或磁性的塑封膜在不需要加热的情况下进行定型处理。

（1）塑封机的分类。按调节方式可分为调温型塑封机和调速型塑封机。

调温型塑封机：胶辊间压力、胶辊运转速度在出厂时已经固定，塑封温度可自行调节。塑封时要先预热，根据材质选择适合的温度，温度太低塑封不牢，温度太高则出现变形、溢胶。

调速型塑封机：胶辊间压力与塑封温度在出厂时已经固定，塑封速度可自行调节。实际上调节速度也就是改变受热：速度快、受热时间短，供给热量少；而速度慢、受热时间长，供给热量多。根据材质选择适合的速度，速度太快，会造成受热不足引起开胶，而速度太慢供给热量过多引起封合后的证件变形、溢胶。

（2）塑封机的基本结构。塑封机的结构类似，根据不同的功能有所不同，一般主要由出纸口、入纸口、开关、指示灯、温度调节旋钮、胶辊等几部分组成，如图 3.1.18 所示。

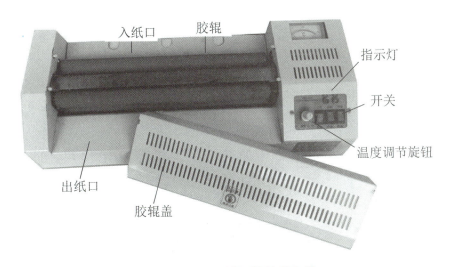

**图 3.1.18  塑封机的基本机构**

入纸口　胶辊　指示灯　开关　温度调节旋钮　出纸口　胶辊盖

### 2. 塑封膜

塑封膜又称为护卡膜、过胶膜，是将纸张进行塑封的材料，主要成分是塑胶。它需要配合塑封机加热使用，不同的厚度需要参考不同的塑封温度。塑封温度的选择与塑封机的压力和速度、塑封膜的厚度有关系。使用塑封膜前需要根据塑封纸张大小裁剪出合适的大小，通常塑封膜的面积需要比塑封的纸张大一些。

塑封纸张时，要先将塑封膜分开，将纸张夹在中间，塑封膜的涂胶面面对资料页，平整地合上塑封膜，从前向后送入塑封机中加热，加热后会粘合，使塑封的纸质文件具有一定程度的防水性能，可延长其使用寿命，如图3.1.19 所示。

**图 3.1.19  塑封膜**

### 3. 设备准备

根据任务说明的内容，需要的设备及材料清单如表3.1.6 所示。

**表 3.1.6  任务所需设备及材料清单**

| 名称 | 图示 | 说明 |
|---|---|---|
| 塑封机 |  | 普通塑封机 |
| 塑封膜 |  | 比塑封照片大 |
| 塑封照片 |  | 普通的照片，与塑封膜大小对应 |

【任务实施】

照片塑封

本任务分为3步，分别是开机预热、照片放入塑封膜、过塑。

### 1. 开机预热

插上电源插头，打开塑封机开关和加热开关，机器开始预热，此时电源灯亮，如图 3.1.20 所示。

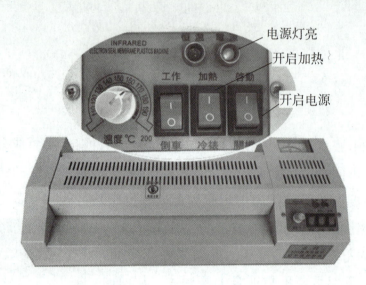

图 3.1.20　开启电源和加热

### 2. 照片放入塑封膜

将照片放入塑封膜中，如图 3.1.21 所示。

### 3. 过塑

（1）等恒温灯亮起，预热完成，此时才可进行塑封操作，如图 3.1.22 所示。

（2）将装好的照片从入口放入塑封机，如图 3.1.23 所示。

（3）开始塑封，照片从入口慢慢移动到出口，如图 3.1.24 所示。

过塑完成后，拿出照片，查看过塑情况，应该平整、无气泡、透明度好。

图 3.1.21　照片放入塑封膜

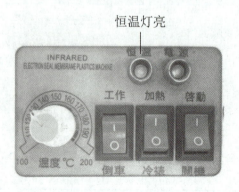

图 3.1.22　恒温灯亮

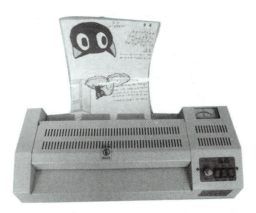

图 3. 1. 23　放入塑封机

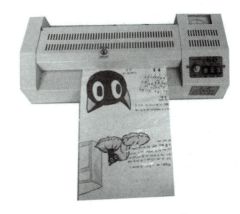

图 3. 1. 24　完成塑封

**【拓展延伸】** **塑封机保养维护及常见故障处理**

### 1. 塑封机日常保养和维护

（1）环境对塑封的影响。塑封机预热稳定时间受环境温度的影响，环境温度高时，塑封温度能较快平衡稳定；环境温度低时，散热快，塑封温度需较长时间才能达到平衡稳定。切忌开机后温度显示刚到塑封温度就进行塑封，因为此时塑封机胶辊受热尚未平衡稳定，只是测温点附近局部温度达到塑封温度。一般来讲预热稳定时间不要短于 20min。

（2）胶辊硬度对塑封的影响。塑封机胶辊硬度为肖氏 50 度，若胶辊因老化等原因变硬或开裂，将影响塑封质量，会使过塑的纸质文件塑封不牢，需及时更换胶辊。

（3）塑封质量检查。经塑封后的纸质文件应透明、平整、塑封膜与卡芯应牢固封合为一体。夹层内无气泡、无模糊白色印影、无油污、杂质等不良现象。常见的几种异常现象和判断发生的原因：若局部未封牢，则可能是塑封温度偏低；若出现塑封后纸质文件变形起皱，则可能是塑封温度过高或压力太大；若出现夹层内有气泡或白色模糊印影，则可能是塑封温度不合适；若出现塑封过程中黏合剂外溢，则可能是塑封温度过高或压力太大。

### 2. 塑封机常见故障处理

（1）电机转动，但不能加热。这通常为继电器故障，通过测量 RL 两端有无 220V 电压即可判断。如果无电压或电压太低，说明继电器未吸合或吸合不良，多为继电器损坏或触点烧蚀，应更换继电器或拆下继电器使用砂纸将触点擦亮。

（2）不能恒温。由于热敏电阻是与压轴表面接触的，随压轴转动产生摩擦，久而久之会脱落、松动或损坏，应重新固定回原位并使其与压轴面接触良好。若损坏，则应更换新的热敏电阻。

（3）噪声大。由于机器长期在高温下工作，各传动齿轮的润滑油容易干涸，导致噪声大。重新注油后，即可排除故障。

## 项目小结

通过本项目的学习，学生学会了复印机的使用方法、梳式胶圈装订机的使用方法，以及掌握了塑封机的使用方法。

## 课后作业

1. 分小组完成一叠文档的复印，要求复印出来的文档是双面的。

2. 分小组完成一叠文档的装订，要求分别使用梳式胶圈装订机和订书机完成。

3. 分小组完成一张照片的塑封，要求塑封质量高，平整、无气泡。

# PROJECT 2 项目二

## 办公设备日常维护

### 项目概述

　　李明升任本公司行政部主管了。行政部一项重要任务就是采购公司日常办公所需的各种耗材，以及保证公司各办公设备的正常运行。本项目完成 6 个任务，其内容结构如图 3.2.1 所示。

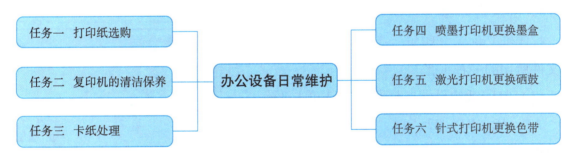

图 3.2.1　项目二内容结构

### 项目目标

- 掌握打印纸的选购方法。
- 学会复印机日常维护方法。
- 掌握卡纸处理的方法。
- 学会喷墨打印机更换墨盒的方法。
- 学会激光打印机更换硒鼓的方法。
- 掌握针式打印机更换色带的方法。

## 任务一 打印纸选购

### 【任务说明】

李明在做明年的办公预算，其中需要选用 A3 和 A4 办公用打印纸，要求性价比高，环保安全，对设备损害较小。打印纸是办公室中使用最多的耗材，价格便宜，使用频率极高，打印文本、表格、图例等资料无一不用到它。在选购打印纸时，一般只着眼于纸张的外观特点和一般使用特性，如纸张的白度、厚度、纸面均匀度等，而常常忽视了纸张的内在性能对设备的影响，对人体的危害。

学生通过本任务学会选购性价比高、环保安全的打印纸。

### 【任务准备】

#### 1. 认识打印纸

打印纸又称为复印纸，是打印文件以及复印文件所用的一种纸张。

（1）打印纸的尺寸。打印纸的尺寸主要有 A0、A1、A2、B1、B2、A4、A5 等。纸张的规格是指纸张制成后，经过修整切边，裁成一定的尺寸。打印纸的尺寸如图 3.2.2 所示。

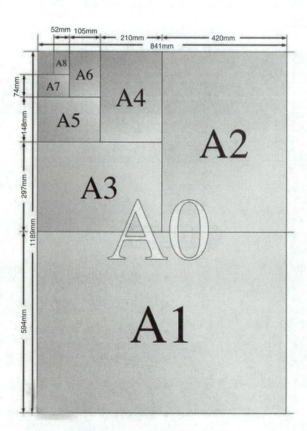

**图 3.2.2 打印纸的尺寸**

（2）打印纸分类。根据打印纸生产的原材料，可将打印纸分为中性纸、酸性纸，具体特性如表 3.2.1 所示。

表 3.2.1　不同类型的打印纸

| 名称 | 原材料 | 添加剂 | 特性 |
|---|---|---|---|
| 中性纸 | 全木浆 | 几乎不使用添加剂 | 纸张酸碱性为中性 |
| 酸性纸 | 草浆、棉浆、再生纸 | 草酸（盐酸）、滑石粉、荧光剂 | 纸张酸碱性为酸性 |

💡 **小知识：打印纸的质量**

打印纸的定量指的是一张面积为 $1m^2$ 的打印纸的质量。打印纸的定量也是衡量纸张的一项重要指标，它决定了纸的厚度。市场上卖的打印纸质量分别为 60g、70g、80g、120g 以及更重。60g 的打印纸最薄，一般为油印使用。70g 和 80g 较为适中，是办公室的主流用纸，其中 70g 纸一般作为普通日常文件使用，而 80g 纸则较为重要的文件如标书等使用。120g 以及更重的纸，一般用作封面。

中性纸：纸浆完全是用天然木材制作的木浆，不添加其他纤维，纤维纯粹是木质的。由于纯木浆一般采用树龄不大、木质较白的杂木熬制，因此在生产过程中基本不用使用任何添加剂，酸碱性呈中性，故称"中性纸"。另外，由于生产过程中无添加剂，因此纸纤维完整，纸的硬度很好，使用过程中产生的纸屑也较少。

酸性纸：纸浆原材料为草浆、棉浆、再生纸浆等。由于原材料本身含大量杂色，因此纸浆中必须添加酸性添加剂（草酸或盐酸），所以酸碱性呈酸性，故称酸性纸。酸性纸的纸浆中加入了大量的草酸或盐酸，以达到漂白的目的。纸纤维大都被酸腐蚀，为了增加纸的硬度和亮度，后期又要在纸浆中加入大量荧光剂和滑石粉。

### 2. 设备准备

准备不同质量、不同大小的复印纸若干张，如表 3.2.2 所示。

表 3.2.2　纸张准备

| 名称 | 图示 | 说明 |
|---|---|---|
| A4 中性纸 | | A4 大小，纯木浆 |
| A4 酸性纸 | 外观与 A4 中性纸类似 | A4 大小，纸浆采用草浆、棉浆、再生纸等材料 |

续表

| 名称 | 图示 | 说明 |
|---|---|---|
| A3 中性纸 |  | A3 大小，纯木浆 |
| A3 酸性纸 | 外观与 A3 中性纸类似 | A3 大小，纸浆采用草浆、棉浆、再生纸等 |

### 【任务实施】

选购环保安全的 A4 和 A3 办公用纸，通常需要 3 步完成，分别是选择尺寸、比较价格、选择中性纸。

打印纸选购

#### 1. 选择尺寸

在纸张的外包装上会标明纸张的尺寸，按照标识进行选择即可，如图 3.2.3 所示。

#### 2. 比较价格

选购打印纸时不应过分注重价格，在价格相差不大的情况下应该优先选择大品牌的打印纸。

#### 3. 选择中性纸

纸张的原材料决定了质量，采用纯木浆制作的中性纸才是真正安全、放心的中性纸，采用非纯木浆制作的纸是

图 3.2.3　A3 纸和 A4 纸

酸性纸，会损害设备，应该杜绝使用，但市面上的酸性纸几乎可以以假乱真，从价格上很难判断出来，就需要对纸的白度、光滑度、硬度进行比较来选择。

（1）比较纸的白度。纯木浆的中性纸是乳白色的，色度类似于纯牛奶，呈现柔和的白色，有时颜色反而稍偏黄。非纯木浆的酸性纸可能经过漂白处理，加入了过量的荧光剂，对人体有害。

拿起打印纸迎着光看均匀度。好打印纸透过光时会呈现出非常匀称的白色。而酸性纸透光以后会呈现出黑灰色的脉络，颜色深浅不均，如图 3.2.4 所示。

（2）比较纸的光滑度。过于光滑的打印纸并不是复印机、传真机、打印机的首选纸张，因为设备的进纸工作是由搓纸轮来进行的，微涩的打印纸在送纸时更为顺利。中性纸一面光滑，一面较粗糙，抚摸光滑面会有微涩的感觉，纸张边缘摸起来是平滑的，酸性纸两面均有滑腻感，纸张边缘会有锯齿状手感。

用火烧一下纸张，纸张完全烧尽后纸灰越白越好，纸灰越黑说明纸张酸度越高。如图 3.2.5 所示。

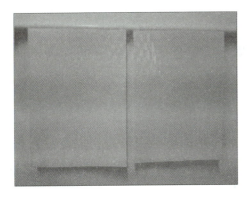

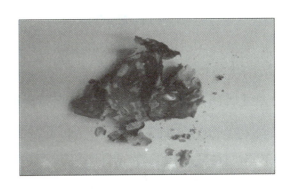

图 3.2.4　中性纸（左）和酸性纸（右）　　　　图 3.2.5　燃烧纸张实验

（3）比较纸的硬度。打印纸的硬度在选购中受到用户的很大重视，往往认为纸越硬越好，其实不一定，纸的硬度是由诸多因素形成的，其中填料是最重要的方面。中性纸采用纯木浆熬制，木纤维保存完好，天然拥有较好的硬度；酸性纸为了保持硬度，达到以假乱真的目的，采用滑石粉为填料，质地虽硬但易掉粉，纸毛多，影响设备的使用寿命，危害人体健康。

选购的时候可以从不同品牌的打印纸中各抽出厚度相同的一叠，置于深色桌面中间或黑色皮沙发上，使劲抖动手中的纸数次。观察哪一叠纸掉落的纸屑最少，哪一种纸就好，如图 3.2.6 所示。

图 3.2.6　纸屑抖落实验

通过上面的 3 步，就可以选择尺寸和价格适合、高质量的真正的纯木浆中性纸。

## 【拓展延伸】　认识酸性纸危害

### 1. 酸性纸对复印机（激光打印机）的危害

（1）大量的纸屑会迅速包裹纸盒的搓纸轮，使其迅速失效，从而出现无法进纸、卡纸现象。

（2）复印机（激光打印机）的感光鼓（硒鼓）在工作过程中会为纸张充电，纸张中的酸性物质会被电流挥发出来形成酸性气体，腐蚀感光鼓（硒鼓）表面。

（3）纸屑同样会堵塞感光鼓（硒鼓）的显影仓、转印部件等，影响复（打）印效果。

（4）复印机（打印机）出口处要为纸张加热加压定影。高温高压会使得酸性物质再一次被大量挥发出来，腐蚀定影部件。

### 2. 酸性纸对喷墨打印机的危害

（1）喷墨打印机的进纸方法和复印机（激光打印机）完全一样，纸屑同样会迅速损坏喷墨打印机的搓纸轮。

（2）纸屑还会堵塞墨盒的喷头，使墨盒迅速损坏。

### 3. 酸性纸对人体的危害

（1）长期在复印机（激光打印机）旁边工作，会吸入大量酸性气体，严重危害身体健康。

（2）大量纸屑、滑石粉、荧光剂的吸入同样会危害身体健康。

## 任务二 复印机的清洁保养

### 【任务说明】

李明所在的行政部要不定期对复印机进行清洁保养。复印机是所有大中型企事业单位必备的文印设备，随着复印机数码化的普及，现在的复印机所承担的已经不是单纯复印机的功能了，还承担着"高速网络打印机"和"网络扫描仪"的功能。李明作为行政主管，确保复印机正常运行，是他的一项重要工作。

学生通过本任务的学习应达到3个目标：一是复印机稿台玻璃和盖板的清洁保养；二是主搓纸轮的清洁保养；三是显影仓的清洁保养。

### 【任务准备】

### 1. 认识复印机

复印机是从书写、绘制或印刷的原稿得到等倍、放大或缩小的复印品的设备，可以认为是"扫描仪+高速激光打印机"。以此类推，可以认为激光打印机就是一台去掉了光学部分（扫描仪）的复印机，传真机其实就是用电话线连接起来的两台简易复印机，而打印/复印一体机就是一台微缩复印机。一旦学会了复印机的日常维护，其实也学会了以上多种设备的日常维护。

复印机一般以A4纸每分钟的印速为标准进行分类，如表3.2.3所示。

表 3.2.3　复印机的分类

| 名称 | 图示 | 印速 | 针对客户群 |
|---|---|---|---|
| 低速复印机 |  | 30 张/min 以下 | 中小型企事业单位，日均复印量不超过 500 张的 |
| 中速复印机 | | 35~60 张/min | 中大型企事业单位，日均复印量 500~3000 张的 |
| 高速复印机 | | 60 张/min 以上 | 大型企事业单位，专业文印店，日均复印量在 3000 张以上的 |

### 2. 复印机日常维护的部件

　　复印机内部很多部件是非常易损的，而且一旦损坏将不可修复。很多动手能力强的用户在看几次专业维修人员现场维修后，往往自信心膨胀，胡乱拆卸设备自己维修，从而造成不可逆的损害。

> **温馨提示**
>
> 　　除本书涉及的部件外，复印机其他部件出了问题一定要请专业维修人员维修。千万不可擅自维修，以免造成无法挽回的损失。

　　（1）稿台玻璃和盖板。稿台玻璃和盖板是平时接触最多的地方。正因为频繁的接触，所以被污损的可能性越大。使用过程中应该注意保洁，否则稿台上如果有一个小污点，所有的副本上都会在相应位置出现一个小黑点。而盖板如果出现污迹，则会在副本的相应位置出现阴影，如图 3.2.7 所示。

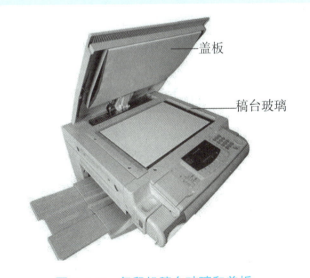

图 3.2.7　复印机稿台玻璃和盖板

💡 **小知识：小心稿台玻璃**

使用复印机时要小心稿台。常常有复印机的使用人员在忙碌的工作中手持水杯等重物操作复印机，从而失手打坏稿台玻璃。原以为仅仅是块玻璃而已，在外面随便买一块补上就是了，其结果是复印出的副本出现重影，无法辨读。这是因为复印机稿台盖板是用特殊的无曲度光学玻璃制成的，价格昂贵，维修中心因为很少更换，基本不备货，维修周期会因此变得极长。

（2）主搓纸轮。复印机的主搓纸轮的作用是把打印纸从纸盒送进复印机。搓纸轮旁边设置了2个传感器，控制纸张必须在复印命令发出后的规定时间内将纸送到指定位置，否则显示卡纸。搓纸轮利用橡胶特有的摩擦力工作，使用时长达到设计寿命时，表面摩擦力消失，就必须更换。长期使用酸性纸会大幅度降低搓纸轮寿命。而经常性清洁能大幅度增加其寿命。复印机主搓纸轮形状和位置如图3.2.8所示。

搓纸轮 ——   —— 搓纸轮

**图3.2.8　复印机主搓纸轮形状和位置**

💡 **小知识：主搓纸轮小常识**

不要看到一个"主"字，就以为一台复印机只有一个主搓纸轮。事实上，每个纸盒都有一个独立的主搓纸轮。保养的时候应该逐个保养。当然，使用量最大的纸盒保养次数应该相应增加。

（3）显影仓。显影仓是复印机中负责显影/转印的核心设备。显影仓同时也是3个需日常保养维护的部件中最精密、最易损的部件。非专业维修人员不可将显影仓拖出维护维修。显影仓形状和位置如图3.2.9所示。

显影仓 ——
显影仓清洁杆 ——
—— 显影仓感光鼓

**图3.2.9　显影仓形状和位置**

### 3. 设备准备

根据任务说明的内容，需要的工具清单如表3.2.4所示。

**表3.2.4 任务所需工具清单**

| 名称 | 图示 | 说明 |
| --- | --- | --- |
| 洗耳球 | | 吹走不可接触处的纸屑和墨粉 |
| 小毛刷 | | 刷掉缝隙中的纸屑和墨粉 |
| 医用白纱布 | | 擦拭稿台玻璃和盖板，清洁搓纸轮 |

## 【任务实施】

保养工具介绍

操作流程

本任务需要3步完成，分别是稿台玻璃和盖板、主搓纸轮、显影仓的清洁保养。

### 1. 稿台玻璃和盖板的清洁保养

复印机的稿台玻璃和盖板最好能做到每天清洁，清洁时直接用干的医用纱布擦拭。擦拭过程中最好不要用水。如遇较难清除的污迹，可在污迹处呵一口气然后迅速反复擦拭，直至干净为止。盖板外层是一块纯白塑料板，里面是泡沫内衬，清洁时需轻轻擦拭。经常性用力擦盖板将造成盖板泡沫板变形，复印机稿台会从侧面漏光，影响复印效果。

（1）揭开复印机稿台盖板，如图3.2.10所示。

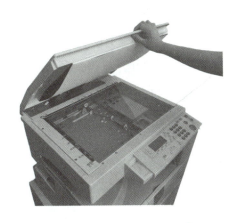

**图3.2.10 揭开稿台盖板**

（2）清洁稿台玻璃和盖板，使用医用白纱布进行擦拭，擦拭时应从上到下、从左到右逐步清洁，如图3.2.11所示。

图 3.2.11　清洁稿台玻璃和盖板

（3）合上复印机稿台盖板，如图 3.2.12所示。

### 2. 主搓纸轮的清洁保养

将复印机纸盒拉出，露出搓纸轮。先用洗耳球和小毛刷清洁掉搓纸轮周围的纸屑。再拿医用纱布蘸少许清水，左手转动搓纸轮，右手横向擦拭。搓纸轮的清洁一般一月一次。但使用廉价酸性纸的用户最好每周清洁，复印量很大的纸盒也可酌情多清洁。

图 3.2.12　合上稿台盖板

💡 **小知识：延长搓纸轮寿命的方法**

搓纸轮属于非保修部件，一旦表面磨光滑了就必须自费更换。当确定搓纸轮无论如何清洁都无法使用时，可用美工刀在搓纸轮上"横向"每隔3mm割一刀割完一圈，以增加摩擦力，照此方法搓纸轮大约可以增加20%的寿命。

### 3. 显影仓的清洁保养

显影仓是复印机中最易损的部件。日常保养的原则是只使用厂家提供的保养方式保养。任何需要将显影仓卸下的操作，最好请专业维修人士完成。显影仓清洁保养分2步完成。

（1）打开复印机前盖。复印机前盖有全盖式和半盖式2种式样。全盖式很好辨认，即机箱正前方最大的一块塑料盖板。半盖式的机箱前盖则是位于工作区一侧的盖板。机箱盖板的闭合采用磁铁闭合或摩擦闭合方式，无论哪种闭合方式，都能直接用力打开，无须借助工具，如图3.2.13所示。

图 3.2.13　复印机前盖板

（2）图 3.2.9 中的显影仓清洁杆是厂家专为显影仓清洁保养设置的部件。通常一个显影仓会有上下两根拉杆，颜色一般为较鲜艳的绿色或黄色，来回拖动拉杆数次，即完成清洁保养。显影仓的保养周期一般为一月一次，用量特别大的用户可酌情增加。

> 💡 **小知识：复印机的"病从口入"**
>
> 　　复印机和激光打印机内部工作环境复杂，对纸张要求很高。单面有字的回收打印纸最好不要在这类设备上使用。尤其需要提醒的是，有些较粗心的员工甚至把未取下订书钉的纸直接放进设备使用，从而造成设备损坏。
>
> 　　单面有字的回收打印纸可在对纸张要求不那么高的喷墨打印机上使用。

## 【任务拓展】　清洁保养激光打印机搓纸轮

### 1. 任务说明

　　公司的一台激光打印机出现了纸盒无法进纸的现象，应该是该激光打印机的搓纸轮需要清洁保养了，李明和同事商量后，决定自己动手保养。如图 3.2.14 所示。

图 3.2.14　激光打印机搓纸轮

　　学生通过本任务的学习应达到 2 个目的：一是取出激光打印机的硒鼓，找到搓纸轮；二是清洁保养搓纸轮使设备正常工作。

### 2. 任务准备

　　激光打印机其实就是一台去掉了扫描仪的数码复印机，只是中低速的激光打印机内部是复印机的微缩版，高速激光打印机内部和复印机是完全一样的。

### 3. 操作提示

（1）打开激光打印机的前盖。市场上所有激光打印机前盖都无连锁装置，可直接打开，如图 3.2.15 所示。

（2）打开前盖后可见激光打印机硒鼓，抓住硒鼓把手将硒鼓直接取出，如图 3.2.16 所示。

（3）根据前面所讲复印机搓纸轮的清洁方法，清洁保养搓纸轮。

图 3.2.15　打开激光打印机的前盖

图 3.2.16　取出激光打印机硒鼓

💡 技巧提示

市场上有一种激光打印机是鼓粉分离的，即硒鼓和墨粉是分开的 2 个独立部件，这样的设备在保养时也只是多了一个要取出的部件而已。

鼓粉分离的鼓仓和粉仓上有一个紫色、蓝色或绿色较为显眼的把手，直接提起把手，鼓仓和粉仓就出来了，然后就可以进行正常的保养了。

## 任务三 ▶ 卡纸处理

【任务说明】

李明发现所有的办公打印设备都有一个共同的问题，就是卡纸，卡纸问题虽小，却如同自行车爆胎一样会彻底地使设备无法使用，尤其是当办公室有多台打印设备使用年限超过 3 年时，常常是维修人员刚走，另外一台设备又卡纸了。如果每次都等维修人员来处理，日常工作就会陷入停顿，李明决定自己进行所有设备的卡纸处理。

学生通过本任务学会喷墨打印机、复印机、激光打印机卡纸处理方法。

## 【任务准备】

### 1. 纸路

纸路是指打印纸在复印机或打印机中完成一次印刷所走的道路。纸路越长，出现卡纸的概率越大，反之则越少。相较于复印机或激光打印机，喷墨打印机的纸路非常短，整个工作区一般为 5~10cm。

用纸设备卡纸出现的位置、现象和原因如表 3.2.5 所示。

**表 3.2.5　卡纸位置、现象和原因**

| 故障位置 | 是否发生卡纸 | | 故障现象 | | 卡纸原因 | |
|---|---|---|---|---|---|---|
| | 激光类设备 | 喷墨类设备 | 激光类设备 | 喷墨类设备 | 激光类设备 | 喷墨类设备 |
| 打印机入口 | 是 | 是 | 卡纸、延迟走纸、一次走数张纸 | 卡纸、延迟走纸、一次走数张纸 | 主搓纸轮打滑 | 主搓纸轮打滑 |
| 打印机工作区 | 是 | 否 | 纸张折叠成扇形 | — | 感光鼓（硒鼓）故障 | — |
| 打印机出口 | 是 | 否 | 纸张折叠成扇形 | — | 定影部件故障 | — |

如表 3.2.5 所示，喷墨打印机纸路很短，在工作区和出口都不会引起卡纸，只会在入口卡纸。是因为打印纸所有前进的动力都靠主搓纸轮提供，在整个打印过程中基本不触碰其他部件。

### 2. 设备准备

根据任务说明中的内容，需要的设备及材料清单如表 3.2.6 所示。

**表 3.2.6　任务所需设备及材料清单**

| 名称 | 图示 | 名称 | 图示 |
|---|---|---|---|
| 激光打印机 | | 喷墨打印机 | |
| 复印机 | | A4 纸 | |

【任务实施】

卡纸处理

本任务分为 3 步，分别是喷墨打印机取卡纸、复印机取卡纸、激光打印机取卡纸。

### 1. 喷墨打印机取卡纸

喷墨打印机设备和纸之间唯一的接触点只有搓纸轮，只需要处理搓纸轮即可，取纸的原则是"哪边纸长就从哪边拉纸"，取卡纸的时候速度要慢，避免纸张损坏残留在设备中。纸卡在搓纸轮上的情况如图 3.2.17 所示。

（1）揭开喷墨打印机前盖板，如图 3.2.18 所示。

（2）抓住纸头较长的一边，轻轻将纸取出，如图 3.2.19 所示。

（3）关闭盖板，听见墨盒复位的声音，就可使用了，如图 3.2.20 所示。

其他所有采用喷墨打印的设备如传真机、打印复印一体机都可以采用上述方法取纸。

图 3.2.17　纸卡在搓纸轮上的情况

图 3.2.18　揭开喷墨打印机前盖板

图 3.2.19　喷墨打印机取纸

图 3.2.20　关闭喷墨打印机盖板

### 2. 复印机取卡纸

复印机取卡纸的原则是"复印机所有部位的卡纸都必须是轻松取出的"，指在取卡纸的时候纸张不能被机器的任何部件夹住、卡住或勾住。取纸的过程中手上没有任何生涩感。取纸之前必须先打开所有的压力开关，释放掉各部件对于纸张的压力，然后轻轻取出纸张。

复印机印速快、纸路长，会出现纸盒出口、显影仓和定影部件、定影分离爪错位3处卡纸。发生卡纸时首先打开复印机侧盖，如图3.2.21所示。

（1）纸盒出口卡纸。打开纸盒侧盖板释放压力，然后顺着走纸的方向直接取出，如图3.2.22所示。

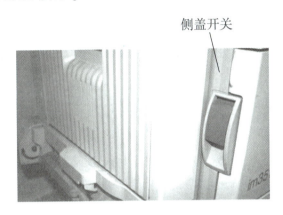

图3.2.21　打开复印机侧盖

图3.2.22　纸盒出口卡纸

（2）显影仓和定影部件卡纸。打开复印机机箱盖会看到蓝色或绿色的压力开关，开关旁边的机箱上会标示转动方向，按照提示释放所有压力，然后沿纸路将卡纸反向轻轻拉出，如图3.2.23和图3.2.24所示。

图3.2.23　显影仓卡纸

图3.2.24　定影部件卡纸

💡 **技巧提示**

特别提醒：释放压力开关和反向取纸是复印机取卡纸的基本原则。否则会引起分离爪错位导致不可逆的严重伤害。

（3）定影分离爪错位卡纸。打开机箱盖，纸张呈折扇状折叠，并且被分离爪紧紧卡住，这超出了用户所能处理的范畴，应通知维修人员前来处理，否则很可能造成不可逆伤害，如图 3.2.25 所示。

——分离爪

**图 3.2.25　定影分离爪错位卡纸**

### 3. 激光打印机取卡纸

激光打印机和复印机结构类似，处理方法类似。针对普通激光打印机和高档激光打印机有不同的处理方式。

（1）普通激光打印机卡纸。纸路较短，取卡纸较简单，打开机箱盖，取出硒鼓，从进纸反方向取出即可。

（2）高级激光打印机。取卡纸方法和复印机基本一致，具体操作步骤参见复印机取卡纸方法。

> **小知识：什么是分离爪**
>
> 分离爪是复印机或激光打印机中附着于感光鼓（硒鼓）和定影部件上的金属小片。因为感光鼓（硒鼓）和定影部件在工作过程中都会对纸产生吸附力，为避免纸张粘连在这两个部件上，厂家特地设计了分离爪，作用是把纸和上述两个部件分离开。但分离爪一旦错位，就会像利刃一样割裂感光鼓（硒鼓）和定影设备，所以取纸的时候要小心。

## 【任务拓展】　票据用针式打印机卡纸处理

### 1. 任务说明

财务室的票据用针式打印机卡纸了，李明马上去处理。

### 2. 操作提示

所有针式打印机的机身右侧都会有一个圆形的走纸手柄，作用是控制纸张进入进度。逆时针旋转时，纸张会沿纸路方向将纸送入打印机工作；顺时针旋转时，纸张则会退出打印机。卡纸时只需要顺时针旋转手柄，将纸退出来就行了，如图 3.2.26 所示。

走纸手柄

**图 3.2.26　票据针式打印机**

# 任务四 喷墨打印机更换墨盒

## 【任务说明】

公司为多个员工专门配备了喷墨打印机，李明不仅自己要学会更换墨盒，还让配备了喷墨打印机的员工都能自己更换墨盒。

学生通过本任务学会为喷墨打印机更换墨盒的方法。

## 【任务准备】

### 1. 墨盒分类

不同品牌的喷墨打印机墨盒可分为两类：一类是墨盒自带墨水喷头的，一般比较昂贵，为节约成本，可以适当选择一些相同型号的代用墨盒使用；另一类是墨盒不带墨水喷头的，本身价格较低廉，但使用代用墨盒会增加堵塞打印机喷头的风险，反倒增加成本，建议全部使用原装墨盒，如图 3.2.27 所示。

图 3.2.27　不同类型的墨盒

### 2. 设备准备

根据任务说明的内容，需要的设备清单如表 3.2.7 所示。

表 3.2.7　任务所需设备清单

| 名称 | 图示 | 说明 |
| --- | --- | --- |
| 喷墨打印机 | | 普通喷墨打印机，不带墨水喷头 |
| 喷墨打印机墨盒 | | 与喷墨打印机配套的墨盒，不带墨水喷头 |

【任务实施】

本任务需要 4 步完成，分别是打开机箱盖、卸下旧墨盒、准备新墨盒、安装新墨盒。

### 1. 打开机箱盖

喷墨打印机箱盖通常不设置任何开关连锁，可在设备上根据提示方向直接打开，此时墨盒小车会自动回到机舱中部的墨盒更换区，如图 3.2.28 所示。

### 2. 卸下旧墨盒

手指扣住墨盒前盖，向外直接将墨盒取出，如图 3.2.29 所示。

图 3.2.28　进入墨盒更换区的墨盒

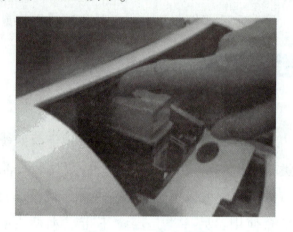

图 3.2.29　取出墨盒

### 3. 准备新墨盒

拆开新墨盒外包装后，还要将喷头上的密封条撕下，如图 3.2.30 所示。

### 4. 安装新墨盒

将新墨盒有印制电路板的一面向内呈 45°角放入墨盒小车，然后平推进去，如图 3.2.31 所示。

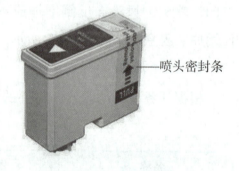

——喷头密封条

图 3.2.30　喷头密封条

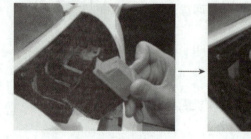 

图 3.2.31　安装新墨盒

## 【任务拓展】 喷墨打印机打印喷头被堵处理

### 1. 任务说明

公司首席执行官出差一个月，回来后发现才换了墨盒的喷墨打印机打印不出字迹了，一定是喷头被堵上了，本着节约的原则，李明决定修修这个墨盒。

### 2. 操作提示

（1）倒一杯约为45℃的温热水，将墨盒喷头朝下泡入水中。视堵塞程度，浸泡10~30min，如图3.2.32所示。

（2）取出墨盒，用纸巾将墨盒周围的水珠擦拭干净，千万不能擦拭喷头。

（3）将墨盒重新装好。

图 3.2.32 浸泡墨盒

---

# 任务五 ▶ 激光打印机更换硒鼓

## 【任务说明】

公司的激光打印机被共享成了网络打印机，承担了绝大多数的打印工作，虽然激光打印机硒鼓的打印寿命长，但在公司每天都有繁重的打印任务情况下，更换硒鼓势在必行。

学生通过本任务学会为激光打印机更换硒鼓的方法。

## 【任务准备】

### 1. 激光打印机的分类

市场上的激光打印机按照所打印的纸张大小可分为 A4 幅面激光打印机和 A3 幅面激光打印机 2 种，如表 3.2.8 所示。

表3.2.8　激光打印机的分类

| 名称 | 图示 | 最大打印纸张 | 打印速度 |
|---|---|---|---|
| A4 幅面激光打印机 |  | A4 | 较慢 |
| A3 幅面激光打印机 | | A3 | 较快 |

　　硒鼓是激光打印机的核心耗材，负责把数字信号转化并打印在纸面上，一般由铝制基材及基材上的感光材料所组成。按照激光打印机大小的不同，配套的硒鼓也分为了 A4 激光打印机硒鼓与 A3 激光打印机硒鼓，如图3.2.33 所示。

图 3.2.33　A4 激光打印机硒鼓（左）和
A3 激光打印机硒鼓（右）

### 2. 设备准备

　　根据任务说明的内容，需要的设备清单如表3.2.9 所示。

表3.2.9　任务所需设备清单

| 名称 | 图示 | 说明 |
|---|---|---|
| 激光打印机 | | 普通激光打印机 |
| 激光打印机硒鼓 | | 与激光打印机配套的硒鼓 |

【任务实施】

准备工作　　新硒鼓拆封注意事项　　安装新硒鼓

　　A3 与 A4 幅面两种激光打印机的硒鼓虽然大小不同，但更换安装方法完全相同，这里使用 A4 打印机进行硒鼓更换，本任务需要 4 步完成，分别是打开机箱盖、取出旧硒鼓、准备新硒鼓、安装新硒鼓。

### 1. 打开机箱盖

激光打印机机箱盖一般无连锁设置，可直接打开，如图 3.2.34 所示。

### 2. 取出旧硒鼓

抓住硒鼓手柄，直接将硒鼓提出来，如图 3.2.35 所示。

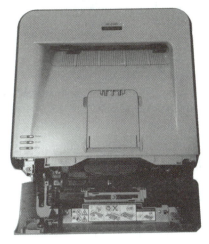

图 3.2.34　打开机箱盖　　　　　　　图 3.2.35　取出硒鼓

### 3. 准备新硒鼓

新硒鼓在拆开外包装后，还要撕下显影仓的密封条，密封条隐藏在硒鼓内部密封显影仓，露在外面的只有橙色的拉环，用手指扣住拉环，将封条拉出扔掉，然后手持硒鼓左右水平摇晃，将鼓内墨粉摇匀，如图 3.2.36 所示。

### 4. 安装新硒鼓

将新硒鼓装入打印机，装入后用手推一推硒鼓，确保硒鼓装到位，最后盖上盖子，如图 3.2.37 所示。

图 3.2.36　拉出密封条　　　　　　　图 3.2.37　装好新硒鼓

【任务拓展】 **鼓粉分离激光打印机更换硒鼓**

### 1. 任务说明

公司保卫处半年前买了一台激光打印机，这几天打不出字了。后勤部员工打开机箱盖准备换硒鼓，却发现这台打印机的硒鼓是鼓粉分离的，如图3.2.38所示。

这种打印机采用的是将感光鼓与墨粉仓分开的一种设计。墨粉用完后仅更换墨粉仓，无须更换感光鼓。

连锁开关 —————— 感光鼓

—————— 墨盒

图 3.2.38 鼓粉分离硒鼓

### 2. 操作提示

更换这样的鼓粉分离套件和更换普通的鼓粉一体的硒鼓的步骤基本相同，不同的是应转动墨粉仓上的连锁开关，取出旧墨粉仓，并换上新墨粉仓。

> 💡 **小知识：硒鼓的橙色小零件**
>
> 不同的厂家为了保证硒鼓在运输及搬运中的绝对安全。会在硒鼓上安装一些保护板或保护卡等，这些小零件在使用时必须卸下扔掉。为了让客户打开外包装后一眼就能识别哪些小零件是需要扔掉的，各厂商统一使用"橙色"。所以无论你即将安装的是哪个品牌的硒鼓，只要看见有"橙色"小玩意——扔了它。

【拓展延伸】 **合理回收废旧硒鼓**

把办公室里用完碳粉的硒鼓随便卖给路边回收摊贩，或者让"一把螺丝刀一张报纸"的"游击队"在楼道里就地实施"灌粉作业"，过去，很少有人对上述行为进行反思：我们曾经助长了多少硒鼓市场的造假行为，又为此多付出了多少金钱和健康的代价？

毫无疑问，被当废品卖掉或随手扔掉的废旧硒鼓，最大流向是地下加工厂。它们被重新灌粉包装后又以原装正品新品的面目，以昂贵的价格出现在市场上。不仅如此，废旧硒鼓中散逸出来的微小的碳粉颗粒被人体吸入后，很容易导致呼吸道和血液疾病，甚至致癌。

硒鼓本身没有辐射，但其中含有铅、汞等成分，废旧的硒鼓是一种有害垃圾，会对人体健康或者自然环境造成直接或者潜在的危害。

当前不少地方都在倡导使用绿色低碳的"硒鼓终生循环"模式，摒弃灌粉，规范处置旧硒鼓，积极推进废旧硒鼓的回收再利用。大家应该将废旧硒鼓交给专门的回收处理企业，如很多开展废旧硒鼓回收业务的打印机厂商。

# 任务六 ▶ 针式打印机更换色带

## 【任务说明】

公司财务室用的是针式打印机，李明为了保证财务室的正常运转，决定为针式打印机更换色带。

学生通过本任务学会为针式打印机更换色带的方法。

## 【任务准备】

### 1. 认识针式打印机

针式打印机是一种特殊的打印机，与喷墨打印机、激光打印机有很大的不同。针式打印机使用的耗材是色带，性价比高，常用于财务室、库管、窗口单位等。针式打印机通过打印头中的 24 根针击打复写纸，从而形成文字，在使用中，用户可以根据需求来选择多联纸张，一般常用的多联纸有 2 联、3 联、4 联纸，也有使用 6 联纸的情形。多联纸一次性打印完成只有针式打印机能够快速完成，喷墨打印机、激光打印机无法实现多联纸打印。

（1）针式打印机的分类。常见的针式打印机有通用针式打印机、存折针式打印机、行式针式打印机 3 种，如表 3.2.10 所示。

表 3.2.10 常见针式打印机

| 名称 | 图示 | 说明 |
|------|------|------|
| 通用针式打印机 | | 早期使用十分广泛的打印设备，打印头针数普遍为 24 针，有宽行和窄行两种，打印头在金属杆上来回滑动完成横向行式打印，打印宽度最大为 33cm，打印速度一般为 50 个汉字/秒，采用色带印字，色带和打印介质等耗材价格低廉 |
| 存折针式打印机 | | 又称为票据针式打印机，专门用于银行、邮电、快递等行业的柜台业务，与通用针式打印机相比，存折针式打印机具有推式走纸、自适应纸厚、自动纠偏、纸张自动定位技术和磁条读写功能 |

续表

| 名称 | 图示 | 说明 |
|------|------|------|
| 行式针式打印机 | | 一种高档针式打印机，可以满足银行、证券、电信、税务等行业高速批量打印业务的要求。与一般通用针式打印机相比，行式针式打印机的内部数据处理能力极强 |

（2）针式打印机的结构。针式打印机的主要部件包括上盖、色带架、打印头、托纸板、控制面板、导页旋钮、走纸控制杆等几部分，如图 3.2.39 所示。

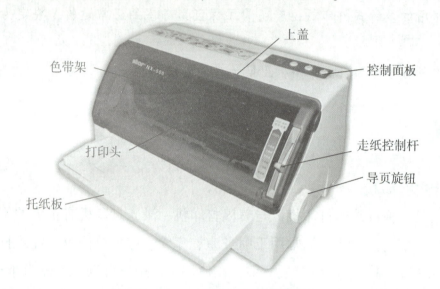

**图 3.2.39　针式打印机的结构**

## 2. 设备准备

根据任务说明的内容，需要的设备清单如表 3.2.11 所示。

**表 3.2.11　任务所需设备清单**

| 名称 | 图示 | 说明 |
|------|------|------|
| 针式打印机 | | 普通针式打印机 |
| 针式打印机色带架 | | 与针式打印机配套的色带架，里面安装了色带 |

取出旧色带　　取出色带卡架　　安装准备　　新色带卡架安装　　安装新色带

**【任务实施】**

本任务需要 4 步完成，分别是取出旧色带、取出新色带、安装新色带、检查。

### 1. 取出旧色带

抓住色带架把手，沿水平方向向外拉出色带架，如图 3.2.40 所示。

色带架 ——　　　　　　　　　　　　　　—— 色带架把手

**图 3.2.40　取下旧色带架**

### 2. 取出新色带

拆掉色带架的外包装，取出新色带架，取出时可稍微用力，如图 3.2.41 所示。

### 3. 安装新色带

将新色带架按照步骤 1、2 的方式反向装回去，并且旋转色带架左右 2 个旋钮，将多余的色带装回色带架，如图 3.2.42 所示。

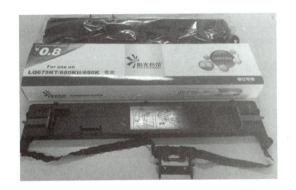 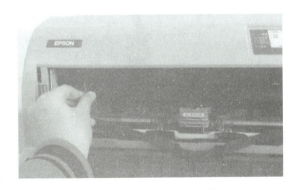

**图 3.2.41　取出新色带**　　　　　　　　**图 3.2.42　安装新色带**

### 4. 检查

安装好色带架后，来回推动针架几次，看是否有卡顿现象，若没有，则可使用了，如图 3.2.43 所示。

图 3.2.43　检查色带架

【任务拓展】　**针式打印机色带整理**

### 1. 任务说明

同事安装针式打印机色带架时，不小心将色带架中的色带芯弄散了，李明马上去处理，如图 3.2.44 所示。

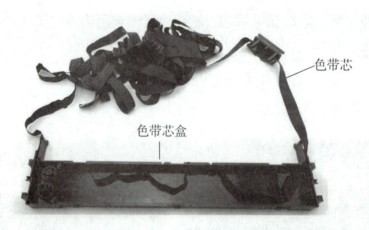

色带芯

色带芯盒

图 3.2.44　弄散的色带芯

### 2. 操作提示

（1）揭开色带架盖子，重新装入色带芯，注意色带芯右边出口位置应该平整，如图 3.2.45 所示。

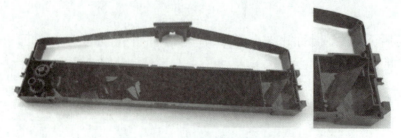

图 3.2.45　色带芯右边平整

（2）盖上色带盖后，按箭头方向转动旋钮，把散开的色带芯转进色带盒。装好的色带架如图 3.2.46 所示。

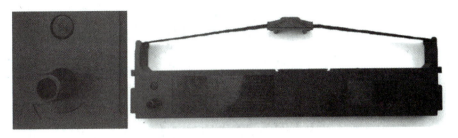

图 3.2.46　装好的色带架

## 项目小结

通过本项目的学习，学生学会了办公室中各种典型的办公设备的使用、保养以及日常小问题的解决方法，还了解了激光打印机、喷墨打印机、复印机、针式打印机、打印复印一体机的概念和使用方法。

## 课后作业

1. 分辨几张不同品牌打印纸的优劣。
2. 分小组对学校的复印机进行一次清洁保养。
3. 请学生指出不同设备的取卡纸要点。
4. 分小组练习为喷墨打印机更换墨盒。
5. 分小组练习为激光打印机更换硒鼓。
6. 分小组练习为针式打印机更换色带。

# 参考文献

［1］人力资源和社会保障部职业技能鉴定中心. 办公设备维修工（中级）［M］. 北京：中国石油大学出版社，2021.

［2］朱海霞，林登奎. 现代办公设备的使用与维护［M］. 北京：电子工业出版社，2017.

［3］童建中，童华. 现代办公设备使用与维护（第2版）［M］. 北京：电子工业出版社，2014.

［4］侯方奎，贾如春. 现代办公设备使用与维护立体化教程［M］. 北京：人民邮电出版社，2015.

［5］肖鑫. 浅谈计算机基础在高职院校教学中的思考［J］. 中国：对外贸易，2010（12）：138.

［6］王玉国. 职业院校计算机应用专业系列教材：办公设备使用与维护［M］. 北京：高等教育出版社，2012.

［7］肖鑫. 浅谈计算机基础在高职院校教学中的思考［J］. 北京：中国对外贸易. 2010（12）：138.

［8］薛金水，饶光洋，曹立生. 基于工作过程系统化的《现代办公设备服务技术》课程开发［J］. 科技视界，2013（19）：127-128.

［9］李宗华. 浅析现代办公自动化环境下的秘书能力要求［J］. 东方企业文化，2015（22）：72.

［10］王勤. 浅析办公自动化的现状与发展方向——以普通高校为例［J］. 科技创新导报，2017，14（30）：185-186.

［11］范振华. 基于SPOC的混合教学模式应用研究——以"现代办公设备使用与维护"课程为例［J］. 现代交际，2020（19）：52-54.

［12］信息［EB/OL］. 澎湃在线.［2021-08-24］. https：//m. thepaper. cn/baijiahao_14189632.